生活家的礼物料理

内 容 提 要

礼物似乎在任何时候都让人感到温暖。在众多礼物当中，美味的料理更能温暖人心，这往往并不是因为料理多么高级、多么贵重，而是因为可以从料理中感受到对方为自己着想的那份珍贵心意。生活中所有的瞬间都可以用料理作为礼物表达自己的心意，哪怕只是心情好或是见到了久未见面的老友，都可以把它拿出来分享。

北京市版权局著作权合同登记图字：01-2015-4016

호호당의 선물요리

Copyright © 2014 by Yang Jung-eun

All rights reserved.

Simplified Chinese copyright © 2019 by China WaterPower Press

This Simplified Chinese edition was published by arrangement with GOLDEN TIME through Agency Liang

图书在版编目（CIP）数据

生活家的礼物料理 /（韩）杨正珢著 ；庄晨译. --
北京：中国水利水电出版社，2019.5
    ISBN 978-7-5170-7507-3

    Ⅰ．①生… Ⅱ．①杨… ②庄… Ⅲ．①家庭生活—基本知识 Ⅳ．①TS976.3

    中国版本图书馆CIP数据核字(2019)第040454号

策划编辑：杨庆川　　责任编辑：邓建梅　　加工编辑：庄 晨　　封面设计：千颜千影

书　　名	生活家的礼物料理　SHENGHUOJIA DE LIWU LIAOLI
作　　者	［韩］杨正珢 著　　　庄晨 译
出版发行	中国水利水电出版有限公司 （北京市海淀区玉渊潭南路 1 号 D 座 100038） 网址：www.waterpub.com.cn E-mail：mchannel@263.net（万水） 　　　　sales@waterpub.com.cn 电话：（010）68367658（营销中心）、82562819（万水）
经　　售	全国各地新华书店和相关出版物销售网点
排　　版	北京万水电子信息有限公司
印　　刷	雅迪云印（天津）科技有限公司
规　　格	184mm×260mm　16 开本　13 印张　206 千字
版　　次	2019 年 5 月第 1 版　2019 年 5 月第 1 次印刷
印　　数	0001 — 5000 册
定　　价	45.00 元

凡购买我社图书，如有缺页、倒页、脱页的，本社营销中心负责调换

版权所有·侵权必究

生活家的
礼物料理

[韩] 杨正琅 著　庄晨 译

中国水利水电出版社
www.waterpub.com.cn

·北京·

希望可以通过本书，

向赐予我料理梦想的母亲，

以及一直支持我追求料理梦想的丈夫表达我的感谢之情

让你的每一天
都充满幸福

　　礼物似乎在任何时候都能让人感到温暖。我们常常为了祝贺对方或是安慰对方而精心准备礼物，有时还会随礼物附信一封。收到礼物的人内心会倍感温暖，但这往往并不是因为礼物本身有多么贵重，而是因为感受到了对方挂念自己的那份心意。

　　众多礼物当中，礼物料理更能温暖人心。相比那些奢华贵重的礼物会给双方带来负担，饱含心意的料理在任何时候都不会遭到拒绝。"恭喜""加油""不要难过""我一直在你身边"……即使我们没有说出这些话，一碗粥、一份小菜也足以向对方传达自己那份质朴单纯的心意。

　　生活中所有的瞬间都可以将料理作为礼物送出。哪怕只是心情好或是见到了久未见面的老友，都可以把它拿出来分享。它可以是你得意的拿手菜，也可以是一些熟悉的家常菜，都无需用贵重的器皿盛装。

　　尽管如此，我们应该努力将礼物料理制作得更为精致一些。当然，有些粗糙是不可避免的，但自己亲自动手准备所饱含的情感，足以将料理变成真正的礼物。亲自挑选、整理食材、亲自动手制作并包装，不但会使自己的内心变得温暖，接受自己心意的人也将会感受到满满的幸福。

　　所以向大家推荐可以让人变得幸福的礼物料理。试着抽出一些时间来制作礼物料理吧，而再稍稍花费一点心思就能制作出精美的包装。料理有一种魔法，它可以将平凡的日子变得有意义，还可以给对方传递温暖。在写这本书的期间，脑海中会不自觉浮现出自己所珍惜的人们的面庞，这让我感到更加幸福。希望大家在读这本书的时候也能想起自己所珍视的人们。请大家不要忘记：礼物料理，最重要的并非手艺和材料，而是自己的心意。

杨正琅

**料理代表
我的心**

适合送人的料理

1. 本书分为两个部分，第一部分是用图片来展示送礼物的时机并会介绍一些简单的包装方法，第二部分会介绍适合作为礼物的料理原材料。

2. 第一部分的"礼物料理包装法"中所展示的包装法，有一部分可以登录好好堂的网站（hohodang.co.kr）进行相关的视频观看。

3. 第二部分介绍的原材料中所提到的"保存时间"指的是最适合食用的时间。

4. 第二部分原材料中提到的"包装"为作者推荐的一种示范，大家可以在此基础上根据手中材料进行创新。

5. 第二部分原材料中的1杯=200ml，大茶匙酒=15ml，小茶匙酒=5ml。

6. 本书所写的为基本的料理制作方法

—— 放在盒饭中的米饭的制作方法

　　将大米和黏米按1:2的比例混合后泡30分钟，将米清洗干净后，加入少许食盐后煮饭。在里面加入黏米，即使盒饭凉了，米饭也不会变硬。此外，加入适量的盐巴可以让米饭不容易变质。该米饭也可用作日常食用的米饭，也可以做成饭团和紫菜包饭。

—— 海带高汤制作方法

　　在1L的冷水中放入一张海带（10cm×10cm），放置3小时至半天左右的时间后，简单的高汤就制作完成了。在使用的前一天晚上制作出来，第二天早上将海带捞出来使用就可以了。

—— 鳗鱼海带肉汤制作方法

　　在1L水中加入一张海带（10cm×10cm）和熬汤用的鳗鱼15条，在煮之前将海带捞出，煮制五分钟左右后将鳗鱼也捞出来。此处使用的鳗鱼需要将头和内脏都去除干净，这样才不会散发出苦味。

—— 姜酒的制作方法

　　生姜50g去皮后擦碎，加入清酒1杯腌制10分钟后把汁滤出即可。在家做有关猪肉料理时可以用于祛除腥味，并且略微放一些姜酒会使味道更好。

7. 本书中的料理所用的调料都是极为常见的，大家需要额外准备以下几种香辛料。

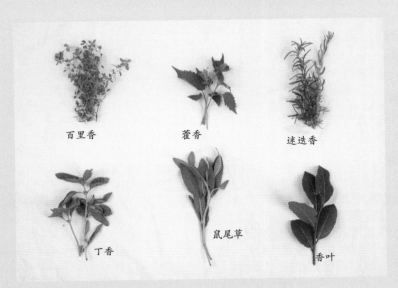

百里香　　　藿香　　　迷迭香

丁香　　　鼠尾草　　　香叶

鲜香草

　　香草可以提高食物的风味和品质，给人以高档次的感觉。平日里可以将其种在充足阳光照射的地方或是阳台上。在制作料理的时候，可以随手在上面采下几片叶子放到里面，会令食物充满新鲜的气息。

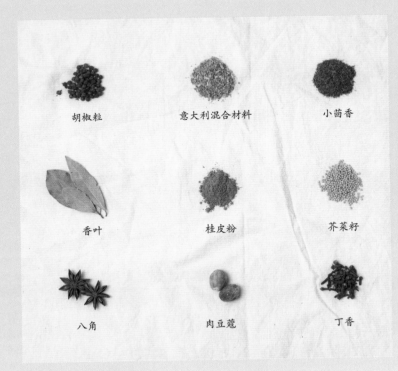

胡椒粒　　　意大利混合材料　　　小茴香

香叶　　　桂皮粉　　　芥菜籽

八角　　　肉豆蔻　　　丁香

干香草和季节调味料

　　干香草是将鲜香草晾干后制作而成，这样可以在很大程度上方便食用。另外，某些料理中，还会将各种香草和香辛料混合在一起制成特别的调味料。在制作意大利料理或腌制类料理时，加入意大利风味的调味料（Italian Seasoning：将百里香、墨兰角、迷迭香、牛至、丁香、鼠尾草混合制作而成）或采摘香料（picking spice：将芥菜籽、多香果、香菜、小茴香、香叶、桂皮、胡椒、丁香、生姜粉混合制作而成）可以让料理更具独特风味。材料可在大型超市百货市场的食材区买到。

I

料理代表我的心

SCENE 1

所有人都开心的日子

“真心祝贺你”

成为了母亲

学生时代，母亲的盒饭是一个极为特别的存在
每每因为疲惫或是挨训而心情不好时，打开盒子的
刹那间就会觉得很幸福

如春天的和煦、夏天的清凉、秋天的深邃、冬天的温和，母亲的盒饭总会将四季囊括在里面，根据女儿的心情和身体状态变换着各种菜单，默默对女儿表达着爱意。

打起精神来，不要难过，我会一直支持你，我的女儿。

在特殊日子里，母亲为我准备的大餐始终让我记忆犹新。即使是那些可以忽略的日子，母亲也会精心制作各种佳肴。在冬至的时候吃腊八粥，像驱走了所有的厄运一样，心情变得无比美好；正月十五的时候吃着五谷饭，嚼着干果，感觉身体都变得健康了很多。当然，最让人期待的则是生日大餐了。通常会准备海带汤和烤肉，还有三色蔬菜和各种饼。母亲拥有的能力是可以将开心的日子变得更加美好而特别。

有时候会很好奇"妈妈究竟是几点起床的"，从母亲用心准备的生日大餐中感受到了一个母亲给予女儿的那份特别的爱，这是比言语更加有力的支持。

成为母亲后，我觉得应该努力学着去烹制可口的饭菜。将不同的季节、家人的心情、特别的日子都融入到料理中，母亲准备的料理会成为最温暖的支持，一点点进入孩子的内心深处。而感受到如此爱意的人们也会更加懂得如何去爱，使他们成为一个宽容和善的人。这就是"食物的力量"。

当今的社会，只要打开钱包，就能尝尽各种珍贵的料理，然而我想说，这世上最为可口的饭菜仍旧是"母亲亲手做的饭"。因为那并不是普通的饭菜，而是爱，是安慰，也是最温暖有力的支持。

现在，很多朋友都变成了妈妈。看着她们会觉得特别开心和神奇，也会觉得她们看起来都很了不起。正因如此，想送给这些朋友一些可口的料理。为了让她们好好保重身体，会选用一些对身体有益的材料来烹饪。这其中包含了对于朋友成为妈妈的祝贺，也带着对于孩子健康成长的祝愿。

朋友成为母亲的日子

/

海带汤P112 · 甜南瓜浓汤P130 · 西红柿酸辣酱P198

只有母亲健康了，孩子才能朝气蓬勃地成长。所以为朋友准备了十分有助于恢复元气的食物。海带汤是产妇餐桌上不可或缺的食物，将它装在密闭的玻璃容器内，只要稍微热一下即可食用，非常方便。南瓜有助于消肿，将其做成甜水或粥会略显乏味，而制作成甜南瓜汤则会更适合产妇的口味。此外在菜单中加上西红柿酸辣酱也是一个不错的选择。

生日

/

烤肉包饭P104 • **海带汤**P112 • **生日杯子蛋糕**P178

相对于面包，老人家的口味还是更加倾向于米饭。在父母的生辰时，可以准备的盒饭：将烤肉包饭、棒状蔬菜装到竹制的盒子中。将海带汤装入密闭容器中，然后将盒饭一起用手绢包起来。

对于朋友的生日，可以送给他们用牙签和漂亮纸张装饰的生日杯子蛋糕。在上面插上字母蜡烛会更加特别。

糖水P78 • **香蕉巧克力果酱**P204 • **调味盐**P88

简单的生日礼物"三剑客"。可以多制作一些，作为生日宴会的答谢礼品。可以将其装在果酱罐子里面，然后用纸袋包起来。

杯子蛋糕P178 • 西柚果汁P76

给即将结婚的朋友准备朋友聚会，可以用黄油奶油
和鲜花装饰的婚礼杯子蛋糕，以及用柠檬制成的色
彩明丽的粉红柠檬汁，二者搭配在一起十分梦幻和
谐。正符合了婚礼所带给两位新人的意义。

婚礼 /

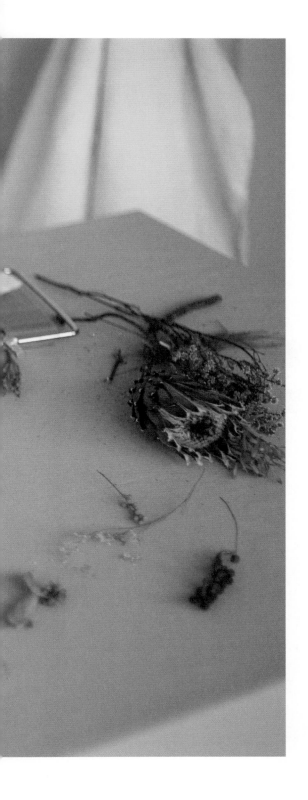

入学和毕业

莲藕蛋糕P182 · **香蕉巧克力酱P204** · **糖水苹果P200**

为了庆祝人生新阶段的开始，必不可少的食物就是蛋糕了。涂满厚厚冰奶油的美味莲藕蛋糕想必一定是个好选择。将其切开后，用牛皮纸一块一块包起来，无论是送人还是自己吃都很方便。另外将手工制作的果酱或是糖水苹果一类的罐头食品作为礼物送人，不会给双方带来任何心理负担，因而也是一个不错的选择。尤其是糖水苹果，将其拌上一些布里奶酪，就变成了很棒的佐酒零食，这很适合出现在红酒派对上。

1. 杯子蛋糕装饰

改变杯子蛋糕的装饰，就可以不拘地点，轻松变成应景的庆祝蛋糕。装饰的方法也十分简单。只要用不同的材料插在蛋糕上端就完成了！

插在食物上

最简单的装饰方法就是：将风干的水果或是蓝莓、草莓一类的新鲜水果、漂亮的饼干、棉花糖或是糖果一类的零食放在食物上面。

制作装饰物

在祝贺别人的时候，可以用牙签和彩纸制成装饰品挂在上面。将彩纸制成旗子的形状或是在上面贴上主人公的照片，然后插在蛋糕上都是很好的方法。

用鲜花装饰

想要将蛋糕装饰得华贵，这是最为简单的方法。花轴如果很硬的话，将其事先清洗干净后，斜着剪下并插在上面。如果花轴很乱，可以将花朵用绳子或是胶带固定在牙签上后，再插在蛋糕上。

2. 废物利用——玻璃容器

绝佳的便捷包装法

使用再利用的容器来包装简单即食的料理礼物，可以让双方都没有任何负担。例如可以将手工制作的果酱一一分装到里面，也可以给需要自己做饭的学生做一些炒鳀鱼，或是给胃不舒服的朋友制作一些果脯，然后将食物装到里面。这样的礼物虽不贵重，但却饱含心意。需注意在装果酱、饮料、沙司一类食物时，需要将玻璃容器清洗干净。

大小适合的容器

装过断奶期食品容器一般为50～100ml，可以用这种容器装不能跟其他食物放在一起的泡菜。而150～300ml左右的果酱、果汁、酸奶瓶可以还像从前那样装一些果酱、果汁或是一人份的汤、炖菜。至于类似矿泉水瓶、红酒瓶一类长且大的玻璃瓶，可以用来存放粮食或是粉状的材料。在使用红酒瓶时，可以用其软木瓶塞封住瓶口。

3. 用纸袋（或塑料袋）包装

用纸袋或是塑料袋将装在密封玻璃容器中的食物再包装一遍则更加精致。

纸袋（塑料袋）包装 ①

1·2
3·4
5

1 准备纸袋、彩带、剪刀以及装料理的容器。

2 将装有容器的纸袋上端折叠，并在中间夹一条彩带。

3 将夹有彩带的部分斜着剪上些豁口，此时要注意不要将彩带剪断。

4 将彩带沿着豁口前后交叉折叠。

5 全部折叠后就完成了。

纸袋（塑料袋）包装 ②

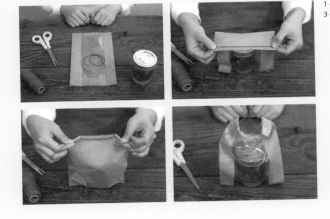

1·2
3·4

1 准备纸袋、细绳、剪刀、玻璃瓶。

2 将容器放入纸袋中，将细绳子放在纸袋的开口处。

3 将纸袋开口处沿绳子向下卷3～4圈，将口封紧。

4 将绳子的两端拽紧，包装制作完成。

SCENE 2

无法忘记的感激之日

"常怀感激"

五月的故事

到了五月份，会想到一切思念和感激的事物。
这是因为五月中充满了可以向自己内心深处
尊敬喜爱的人表达自己情感的日子。

5月8日 父母节

父母是只要一想到就会令人既安心又牵挂的存在，不知道为什么会那么地依赖他们，有时还会在他们面前变得很啰嗦。他们经常相信并尊重我们做的选择，而在完全信任的背后却还会为我们隐隐担心。为了报答这份信任和支持，我们所要做的就是要让我们的每一天都过得很幸福。父母节是子女支持父母的节日，让我们怀着幸福的心制作料理吧。

5月15日 教师节

人们会通过各种各样的方式来获得不同人生领悟。当我苦于寻找喜欢的东西以及自己想做一辈子的事情时，吴正美老师和Susumu老师给予我很多的帮助，也是在那个时候，我找到了自己的人生方向。"你现在正奔走在成功的路上，只要有双手，无论何时何地都一定能找到事情去做。"这句话给予了我很大的支持。平时因为害羞而无法表达自己的心意，在这一天，我把它放在了食物里面。

5月21日 夫妻节

只要一想到丈夫，感激、抱歉、关心、友情、爱情，各种复杂的感情会交织在一起浮现在脑海中。所谓家人就是要互相理解，还要各自反省。在夫妻节的这一天，夫妻们都会毫无保留地向对方表达自己的爱意。为了感谢丈夫一直在自己最近的距离内，给予自己支持和不变的爱，在这一天会给对方做一顿料理。

面对每天都见的人，想要将自己的感激和爱意表达出来，有时候是很困难的。然而正是因为有"纪念日"这一天的存在，让我们能够对一路陪伴自己走过来的父母、老师、爱人表达自己的感谢。因此，请用料理来毫无保留地赞美他们吧。这份料理，会成为自己感激的人永远幸福生活下去的原动力。

教师节·父母节

杯子蛋糕P178 · **炒谷子**P80 · **糖水西红柿**P78

饿的时候，可以将炒谷子当成零食吃，或是用热水
将其泡开后，当成茶来饮用。在糖水西红柿中倒入
一些水，就变成了健康饮料。给老人送礼物时，需
要注意将食物装入得体的盒子或是有盖子的碗中，
并用布在最外面包一层。用康乃馨装饰的杯子蛋
糕，可以替我们转达无法说出口的感谢。

夫妻节

/

核桃柿饼卷P160 · **大酱貊炙**P126 · **覆盆子酒**P86

有时会给丈夫置办一桌酒菜并跟他喝一杯，告诉他我内心的感激、抱歉和爱。我会选择准备一些用干柿饼和核桃制成的核桃柿饼卷，以及拌有韭菜的烤肉块。而如果能再端上一瓶提前泡制好的覆盆子酒，将会给夫妻间的对话创造一个更好的氛围。

节 日

/

板栗豆 P158 • 核桃柿饼卷 P160 • 坚果能量棒 P154 • 坚果羊羹 P156 • 红枣泥 P162 • 水果干 P186

韩式茶点配以健康的零食或下酒菜，特别适合作为过节的礼物，也非常适合送给老年人。请用端庄典雅的陶瓷器皿来分装食物，然后用布仔细包裹起来。在拜访公婆时，送出这样的礼物也是不错的选择。

1. 各种盒子

平时可以注意留存一些盒子，像圆形宽大且有盖的盒或是瓷器、竹子、涂漆的木头材质的盒子，这样在送礼物的时候就能派上用场了。特别是在给重要的人准备礼物时，容器的材质会决定礼物的品质，在选择时需要花费些心思。当然，并不是说礼物料理就必须要用昂贵精致的盒子来包装。但这就像在好日子时会额外注意自己的衣着打扮一样，对于重要的人当然要略有不同。精致的容器会让人们更加珍惜，即使在食用完里面的料理后，每当看到这个容器还能回想起送礼物人的心意。这就是精致容器的魅力所在。

陶瓷盒子

该盒子虽然易碎且价格较为昂贵，但这种材质会让人觉得十分优雅朴素。在给老师、老年人送茶点或是拜访公婆时，使用这种盒子最为合适。

竹制盒子

竹子的特点在于轻便通风，用它来包装食物会不容易变质。多准备一些大小不同竹子制成的盒子吧，在网络上就可以买到物美价廉的竹盒子。

涂漆木质盒子

此类盒子属于较为贵重的容器。虽然天然的涂漆产品价格昂贵，但其耐用性却很强，坊间素有"能用千年"的说法。只要一想到可以用一辈子，就会觉得这个价钱完全值得。在准备父亲或是老年人的礼物时，会比较推荐用这样的盒子。涂漆的木质盒子在国外也是十分贵重的存在，因而送给外国朋友茶点时可以考虑使用这种盒子。

2. 用绸布或手绢来包装

给老年人送礼物时，在盒子外面再包裹一层绸布是最为得体的。也可以使用亚麻材质的手绢。下面来介绍一下盒子、有盖子的碗以及装有饮料的长颈瓶的包装方法。

基本包装方法

1・2・3
4・5

1 准备一块布料以及需要包装的容器。

2 将布块面朝自己呈菱形展开，将容器放置在布料的正中央，然后将下角向上折叠盖在容器上。

3 将上面的角向下方折叠，折叠后将角的末端朝反方向折叠。

4 用双手将左右两侧的角牢牢抓住。

5 反复系两次后，将丝带整理平整。

饮料包装

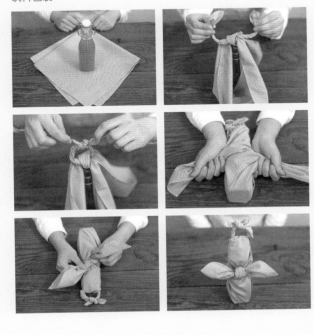

1・2
3・4
5・6

1 准备好布料和需要包装的瓶子。

2 将布料面朝自己呈菱形展开，并把瓶子放到正中央，将左右两侧的角结扣，并将其牢牢系紧。

3 将打完扣剩余的部分制成一个提手，方便之后携带。

4 将剩下的两个角也拉起来，并在瓶子的后面部分朝反方向拽紧。

5 再次将两个角牢牢地系紧。

6 再次捆绑一次后，制作完成。

SCENE 3

与朋友久别重逢的日子

/

"过得好吗？"

送"家饭"

我认为吃饭时最重要的是我们应该崇尚对身体有益的食材以及健康的烹饪方法，
并且不需要过多关注料理是否昂贵华丽，而应该关注料理是否像家里做的饭那样简单朴素。
总结起来应该就是：我们应该更关注每天吃的东西。

　　但真的烹饪出母亲味道的"家饭"是很难的。这是因为现在的人们每天都忙得不可开交，即使是做一顿简单的饭菜都不太有时间。特别对于不断增多的独居者以及家务新手来说更是难上加难。我认为他们所需要的是一个人可以烹饪出美味料理的勇气，以及挑战烹饪料理的兴趣。让自己感受到这么难的家务原来是"可以做到的啊！"认为麻烦的料理"肯定会很有趣"是自己应该迈出的第一步。

　　我在找独居或是料理新手的朋友玩时，经常会送他们一些酱菜和万能调料酱。因为有很多不会烹饪的人家里甚至连基本的调料都没有，所以即使萌生了"做一顿"的想法，也会早早就放弃了。这时如果有调料，就能使他们毫不犹豫地挑战做饭，而看起来简单的料理就是酱菜了。自己做饭就能很容易解决一顿，即使不是妈妈的味道，通过自己的手艺也能勾起关于"家饭"的回忆和想念。

　　如此看来，像这样简单的料理礼物也会产生重大的意义。原本认为与烹饪毫无"缘份"的朋友们，某一天可能突然会给自己送来他们亲手做的饭菜。当然送人料理本身也是一件令人愉快的事。一边逛着市场，一边感受着季节的气息；清洗着新鲜的食材，可以感受到健康；烹饪的时候，不但能感受到料理带来的乐趣，想到能让自己和朋友都变得健康，内心会格外地满足。烹饪与运动带来的意义是相同的，都是为了守护我们的身体而坚持。

　　尝试一下把美味的家饭、健康和做料理的快乐送给最亲近的人吧，这比请对方吃一顿昂贵大餐更加有意义。

乔迁

/

调味盐P88 · **东方风味调味汁**P92 · **烤肉调味酱**P96

朋友乔迁的时候会选择送对方热切期待且使用
率极高的手工制作的调料组合。例如香菇大蒜
食盐、红酒食盐、柠檬香草食盐三种调味盐；
还有可以用作烤肉、炒杂菜、炖排骨、辣烤排
骨以及拌饭的烤肉调味酱；适合洒在沙拉中的
东方调味汁也是必不可少的。可以将调味瓶放
在藤编手提篮里面，并用充满自然气息的迷迭
香和松球来装饰。

给朋友

炒鳗鱼P114 • **牛肉辣椒酱**P98 • **洋葱腌蛋**P118 • **沃尔多夫沙拉**P134

对于独自居住的朋友来说，可以存放很久的小菜绝对是宝贝。因此，炒鳗鱼和牛肉炒辣椒酱、洋葱腌蛋、营养丰富的沃尔多夫沙拉绝对是饭桌上的绝佳选择。可以用果酱瓶、黄油罐子、饼干盒来盛装。

水果麻薯P166 • **坚果能量棒**P154

加入新鲜水果的水果麻薯和满满坚果的坚果能量棒，对于即将考试的朋友来说是绝佳的加油礼物。可以用保鲜膜和塑料袋将食物逐一包装起来，然后装入放鸡蛋的盒子里面。

部队探亲

手工披萨P140 • **炸鸡**P146 • **酸黄瓜**P192

披萨和炸鸡绝对是服兵役的弟弟们最想吃的东西。试
一下用上好的材料和干净的油来亲手炸一次吧。另
外，可以用外卖的披萨盒子来盛装。再配上适合一起
食用的酸黄瓜，装在黄油罐子里面，可以防止酸黄瓜
汁液流出。

探病

／

芹菜酱菜P190 • **苹果泡菜**P120
自己爱的人生病了，为什么自己也会很难过
呢？那么就为了没有胃口的他／她准备一些
清淡的芹菜酱菜和甜甜的苹果泡菜吧。

1. 废物利用——塑料容器

最近市面上出现的塑料容器制作得十分漂亮，直接扔掉似乎很可惜。进口黄油和奶酪的瓶子不但设计精美，而且十分结实，因而完全可以把它收起来留作备用。平时可以注意收集一些漂亮结实的塑料容器，将它们清洗干净后保存起来。

盛装鲜奶油和酸奶的透明塑料瓶可以用来盛装一些必须放入冰箱保存的液体食物，用来送人也是一个不错的选择。虽然玻璃材质在冷冻时容易碎裂，但只要不装得太满，就可以避免这个问题。由于是透明的，可以用肉眼就能区分出盛装的食物。

2. 废物利用——不同的箱子

纸箱子

平时可以注意多收集一些类似披萨、松饼、蛋糕等能够继续使用的纸箱子，在里面装上料理送人是一个非常好的想法。但要注意，不要买那种过大的披萨和蛋糕包装盒，因为包装送人时会特别不方便。

马口铁盒子

从外国旅行回来的朋友那里收到过点心和茶，是用马口铁盒子（TIN case）包装的。而把点心放到里面送给朋友会让点心看起来更加的高档。另外，由于盒子上有紧紧的盖子，可以把它当做饭盒来使用，也可以装一些松散的点心。

3.密闭容器

可以将食物装在密闭的碗中送给要搬家的朋友、同事或是刚刚对家务产生兴趣的闺蜜。平时可以注意收集各种各样的玻璃、塑料、珐琅材质的容器，商场、网络上有许多品牌，会卖很多大小不同的玻璃产品可供挑选，平时可以多买一些，日常生活中很多地方都可以用到。

4. 用天然材料装饰包装

从身边发现

包装结束后，用朴素的麻绳捆绑，并在上面装饰一些身边常见的材料，会让整个料理看起来很天然。试着用一些鲜花、树枝、松果、贝壳、石子之类的东西来装饰吧。使用鲜花装饰时，会让人感受到季节的气息，而在箱子底部垫一些干花，则会给人丰硕之感。

用食材来装饰

可以用一些香草一类的食材来装饰礼物。使用新鲜香草、干香草、桂皮、干水果一类，特别是将香草用绳子串起来挂在礼物上面，会散发出隐隐的香气。

SCENE 4

幸福的日子

"每天都很开心"

平时的近郊游

去伦敦旅行的时候，看到很多人在巨大的树荫下乘凉，还有些人环坐在一起聊天或是读书。
纽约的中心公园也是如此，这个公园在巨大的城市中心就如同乐园一般的存在。
有人在吃三明治，有人在运动，也有人在尽情享受着日光浴。

　　看着那样的场景，心中不由得产生了羡慕之情。羡慕他们无论在何处都有适合休息的公园，同时羡慕这些人们懂得享受质朴的郊游带来的自由体验。但是伦敦和纽约不是应该像首尔一样每天都忙碌不堪吗？为什么我们每天都疲于奔波，甚至连晒会儿太阳的时间都没有呢？

　　从那以后我就开始寻找首尔可供人休息的场所。一般都是像景德宫、博物馆、动物园一类的地方。而其中最为印象深刻的郊游地当属在德寿宫。虽然喷泉和石造宫殿令人印象深刻，但最为特别的是这样清闲的环境与忙碌的首尔形成的鲜明对比，城墙围起来的空间里好像时间都静止了一般。从那以后，德寿宫成为我在首尔最喜欢的郊游场所。另外，偶尔也会去三清公园、南山公园、石湖村公园、首尔儿童公园或是仙游岛公园、龙山家庭公园、汉江公园等处近郊游。

　　我想告诉各位，只要敲开了忙碌市中心的某扇秘密大门，就能发现一个完全不同的世界。也许，只要有一个小小的郊游便当，那扇门就自然而然会为你敞开。当然，买一份紫菜包饭也是可以的，但在郊游的时候吃上自己亲手做的便当，这无疑会让我们的郊游变得更加有意义。我们可以一边做便当一边在脑海中回想年少郊游的画面，母亲亲手为自己准备便当的场景。无论是紫菜包饭还是三角饭团都是不错的选择。如果心情好的话，可以根据天气来准备便当，这会使我们的郊游更加充满幸福甜蜜。

　　另外还有一点，不要忘记准备凉席和运动鞋。把凉席铺在地上，在温暖的阳光下，肆意享受食物的美妙。这就是郊游的魅力。希望大家也可以在天气好的时候，去户外享受一下近郊游的乐趣。

郊游

墨西哥风味"拌饭" P144 **·** **水果泡菜**P194

春天郊游时，可以尝试带上美味的墨西哥风味"拌饭"和香甜的水果泡菜便当了。可以用一次性的容器来盛装，最后用丝带绑紧就可以了。

根菜类营养饭P102 • **蘑菇酱菜**P188 • **3种紫菜包饭套餐**P108 • **水果果冻**P152

秋天郊游时，可以准备一些应景的根菜类营养饭和蘑菇酱菜。当然，紫菜包饭也是必不可少的。可以用家中既有的材料准备3种不同的紫菜包饭，另外还可以在旁边用纸杯装一些水果果冻，最后用漂亮的餐巾包裹，一个充满秋天气息的便当就制作完成了。

野营

红酒烩鸡P142 · **西红柿炖贻贝**P138 · **桑格利亚气泡酒**P82

大家在野营的时候会经常选择烧烤，但偶尔也可以尝试换一下菜单。这里为大家准备了充满了浪漫气息的野营料理。可以用小铝锅装一些法式的红酒烩鸡和西红柿炖贻贝，只要稍微加热一下就可以食用了。另外，可以将准备好的桑格利亚汽酒装入一次性的瓶子中，并在里面稍稍泡一些水果，这样吃饭时在里面加一些红酒就可以享用了。

登山

/

饭团P106 • **大酱貂炙**P126 • **韭菜煎饼**P116
在登山时，可以准备一些方便食用的饭团以及可以补充体力的肉食小菜。用酱料腌
制过的烤肉不易腐败，冷却后也不会散发异味，是制作便当的绝佳选择。另外，也
可以在便当中放一些加入了辣椒酱制作而成的年糕，它不易变质且口感极佳。

1. 使用一次性容器

在进行类似郊游或是野营一类的户外活动时，使用一次性的容器来盛装食物是一个不错的选择。使用后可以直接扔掉，带在身上也十分轻便且不易摔碎。另外，带一些塑料的叉子、筷子、杯子和吸管，可以让你在野外也能享受到在家一般的便利。其中最值得带的当属野营红酒杯，其塑料材质不用担心会摔碎，杯和把手部位可以拆开，携带起来极其方便。

2. 装在便当盒中

便当盒绝对是送礼物料理时的绝佳选择，其材质多种多样，无论用哪种材质的饭盒来盛装都很美观，而且饭盒都是有盖子的，携带起来更为方便。而旅行时，收集当地具有特色的便当盒不仅有纪念价值，更有实用价值。特别是日本的便当文化特别发达，不同材质的产品更是琳琅满目，在游玩的时候不妨买一个收藏起来。

3. 为了郊游准备的特别包装法

在外出野营时,可以将装有调料的铝锅整个包起来。另外,如果没有足够大的包可以装得下大小不一的便当盒子时,可以用餐桌布来制作一个野餐包。

锅类包装

1·2
3·4

1 准备手绢或是布料,以及需要打包的锅。

2 将布料面朝自己呈菱形展开,然后将铝锅放置在中央,将两侧的角从锅的把手下面穿过,然后拉到上面来。

3 将穿过锅把手的一个角和对面的两个角中的一个捆绑起来。

4 另一面也用相同的方式捆起来,这样可以防止锅盖移动。

用餐桌布制作野餐包

1·2
3·4
5

1 将餐桌布方方正正地展开,然后将便当和饮料放在上面。

2 将右边的两个角合在一起牢牢地系紧。

3 然后将左侧的两个角也牢牢系紧。

4 两侧会出现两个扣。

5 将两个扣合在一起握在手里,一个野餐包就制作完成了。

SCENE 5

属于我们的纪念日

"不要忘记了，就是今天！"

一起吃饭的关系

随着人们的生活越来越忙碌，能坐在一起吃饭的人也变得越来越少。
即使是家人，每个人各自的生活模式也不尽相同，而在公司吃午饭，
相当于延长了自己的工作时间，而且也很难让自己真正享受到吃饭的乐趣

学生时代每天在一起分享各自便当的朋友们，现在却很难聚在一起吃上一顿饭。现在的我们会常常在公司订一份外卖，或是找个可以随便凑合一顿的地方。因为太过忙碌，所以只能是随便垫一下或是快速地用餐。现在的吃饭已经不再是吃饭，而是"解决"了。

但吃饭是每日必做之事，且比想象中还要重要。所以呢？社会聚餐（social dining）由此产生，一起聚餐的人们也越来越多。这样聚在一起吃饭，可以重新找回"吃饭的乐趣"，也可以解决一个人吃饭的孤独。

现在我也常常和别人一起吃饭，各自带着一两种食物，就可以举办一个简单的家常聚餐会（Pot-luck Party）。主菜一般为肉食，然后其他人准备一些可以搭配肉一起食用的东西。可以是包肉的蔬菜或是蘑菇、烤肉的酱料、沙拉和调味汁、泡菜和酱菜等等。而对于没能准备材料的朋友，可以带一些酒、餐后甜点或是冰淇淋。大家一起吃完饭后，一起刷碗，然后再各自将餐具带回家。这样做不会给招待双方带来任何负担，而且会让每个人都感到幸福快乐。一起吃饭会让食物变得更香，而坐在一起聊天则可以更加促进彼此的感情。

如果你家里有可以坐几个人的大桌子，那么就招上三五好友一起聚一下吧。哪怕只是一些小菜、几碗米饭，也可以开始一场家常聚会。可以一起吃饭的关系，也会不知不觉间成为真正的家人。

圣诞节·年末聚会

布沙拉P132 · **西红柿炖贻贝**P138 · **手工披萨**P140 · **热红酒**P84

我们可以尝试一下把家中打造出西餐厅的氛围，然后把朋友们都邀请来举办一个小聚会。而聚会可以使用自助餐的风格。在科夫沙拉旁边准备一些调味汁，将西红柿炖贻贝放置在漂亮的铝锅中。另外，直接将装有披萨的烤盘端上桌也是一个不错的想法。再端上几杯放了时令水果的热红酒，然后就可以开始畅谈了。

情人节·光棍节

生巧克力P164 · **布朗尼**P176 · **全麦巧克力棒**P172

情人节、光棍节虽然是众所周知的纪念日，然而却也十分容
易让人忽略。在这一天可以用牛皮纸或塑料袋分别将布朗尼
蛋糕和全麦巧克力棒包裹好，然后用丝带打一个蝴蝶节系起
来。将生巧克力装在塑料杯中，然后可以再包一层保鲜膜。
最后用大小适宜的盒子将它们装起来，并用干花和松果加以
装饰，这样一个充满温暖的礼物盒子就制作完成了。

交往了♡♡天

水果杯P168 • **超简单奶酪蛋糕**P180

100天、1年、1000天……我们常常会记录与对方交往的时间，这样是为了可以一起度过未来更多的日子。此时，准备一些奶酪蛋糕、水果杯是再合适不过的了。再开一瓶香槟或是白葡萄酒，来庆祝属于自己的纪念日吧。

家庭聚会

墨西哥酱P136 • **泡菜墨西哥薄饼**P148

在超市中买一些薯片之类的零食，淋上一些墨西哥酱料，一个佐酒小食就制作完成了。另外，可以制作一些西红柿辣酱、蔬菜沙拉酱，并装入不同颜色的纸杯中，用保鲜膜封好。而泡菜饼可以用大一些的纸杯来装，然后将它们放在咖啡外带的手提中，携带起来特别方便。

豆芽杂菜P122 ● **肉饼P124**

需将豆芽杂菜盛放于密闭容器中，这样可以
防止里面的汤汁流出。而肉饼则可以选择盛
装在一次性盘子里面，然后将盘子的一半折
起来，盖在另一半上面，并用保鲜膜或胶带
封口，这样一个十分简易的包装就完成了。
这些都是米酒聚会必不可少的下酒小菜。

意大利乳清干酪P196 • **东方风味调味汁**P92 •
糖水苹果P200

用一次性塑料容器分别来盛装准备好的意大利
乳清干奶酪、拌沙拉用的蔬菜和东方调味汁，
在食用之前直接将它们拌在一起就可以了。将
糖水苹果放在饼干和比然奶酪上面，一个很好
的佐酒小食就制作完成了。

1.牛皮纸（烘焙纸）分装方法

对于类似点心、布朗尼蛋糕之类易碎的，或是需要放在冰箱内分成小块保存的食物，我们可以选择用牛皮纸或是烘焙纸来进行分装。根据甜点外形的不同，这里准备了两种包装方法

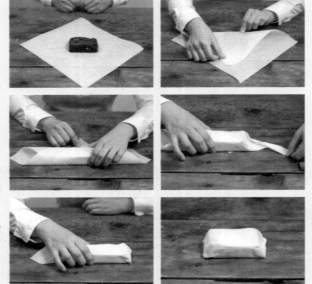

1·2
3·4
5·6

方形甜点包装法

1 将牛皮纸面向自己呈菱形展开，然后将甜点放在纸张的正中央。

2 将牛皮纸的下部分向上折叠。

3 将牛皮纸上部向下折，并稍稍用力将其卷至点心的底部。

4 将蛋糕左侧的角按照蛋糕的大小向中间折叠。

5 将折叠的部分放在蛋糕的底部。

6 将另一侧的角也按照上面的步骤操作，这样就包装完成了。

1·2
3·4
5·6

块状蛋糕包装法（以三角形蛋糕为例）

1 准备好牛皮纸以及需要包装的块状蛋糕。

2 将蛋糕放在牛皮纸上，此时应注意将蛋糕有长窄的一侧面向自己，然后将左侧纸沿蛋糕边缘向中间折叠 。

3 将右侧的纸沿着蛋糕的边角折叠。

4 将右侧的纸放在蛋糕上面，然后再折叠一次。

5 将蛋糕后面的两个纸角沿着蛋糕的形状向反方向折叠并向下按压。

6 将最后折叠的角的那面放在蛋糕的下面，这样就包装完成了。

2. 纸杯分装法

对于类似调味汁一类的食物，可以用纸杯或是塑料杯来进行分装

利用胶带的包装法

1 准备纸杯、胶带和剪刀。将纸杯口处滚边的部分展开。

2 将需要包装的食物放入纸杯中，用胶带将纸杯上端仔细地封合好。

3 将两侧多余的胶带减掉。

4 包装完成。

使用牛皮纸和绳子的包装法

1 准备好纸杯、剪成圆形的牛皮纸、剪刀以及绳子。

2 将需要盛装的食物放入纸杯中，然后将牛皮纸盖在纸杯口处。

3 用绳子将牛皮纸牢牢的缠绕两圈并绑紧。

4 将多余的绳子减掉，包装完成。

Ⅱ
适合送人的料理

健康的饮料
&
万能调味酱

调味酱是料理的根本，有时也会成为某些特色饭店的秘密武器。可以尝试给你的朋友送一些实用的万能调味酱。另外，完全不同于碳酸饮料，让人百喝不厌的手工饮料也是必不可少的。就像可以时常陪伴在身边的万能调味酱和健康饮料一样，用这些礼物向对方传达你永远支持对方的心意吧。

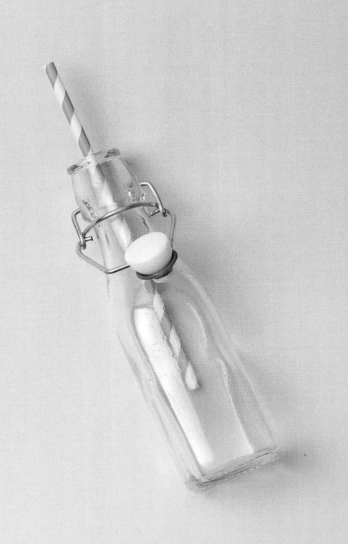

咖啡店饮料中的秘密

西柚果汁

有些人十分喜欢西柚特有的苦味，有些人却觉得这种苦味难以接受。而西柚果汁对于任何人来说都是很棒的饮品。在里面加一些碳酸水会变成粉红柠檬水，而加入一些啤酒后，就变成了西柚啤酒。

材料（500ml，1瓶）

西柚5个、柠檬1个、白砂糖340g（果汁和砂糖比例为3:2）

制作方法

1 玻璃瓶放入沸水中消毒后，将瓶内的水汽全部擦干。

2 将西柚和柠檬对半切开后，放入榨汁机中榨汁。

3 在锅中放入西柚汁、柠檬汁以及白砂糖，用小火煮沸。待砂糖全部溶化后，轻轻搅拌并继续煮3分钟左右。

4 趁热将其倒入玻璃瓶中，然后立刻将瓶盖盖紧。

TIP

· 必须使用白砂糖，这样才能使水果固有的颜色保存下来，从而制成漂亮而透明的果汁。

· 煮果汁的时候，在砂糖完全溶化之前搅拌，容易出现结块现象，必须在砂糖完全溶化后再进行搅拌。

· 送人的时候，请在上面注明制作日期。

PLUS RECIPE · 粉红柠檬水

西柚汁4大茶匙，碳酸水200ml、冰块、柠檬片及薄荷叶（也可省略）。
在装有西柚汁的杯中倒入碳酸水，然后加入冰块、柠檬片和薄荷叶即可。

PLUS RECIPE · 西柚啤酒

西柚汁4大茶匙、啤酒350ml。
在装有西柚汁的杯中掺入啤酒，然后就可以直接饮用了。

保存期限：冰箱内保存为1个月
适用包装：密闭容器（P45）+手绢（P35）
适合场合：婚礼（P21）

步骤2

步骤3

可以变成饮料，也可以变成调料的

糖水李子和糖水西红柿

在里面倒入一些水，可以变成温暖的茶或是冰凉的饮料；而在腌制肉类或是在制作沙拉的时候，可以代替糖来使用。将时令水果制成糖水能让我们感受到不同季节的味道。

材料（500ml，各1瓶）

李子1kg

西红柿1kg

糖2kg（水果和糖的比例为1:1）

制作方法

1 将瓶子蒸馏消毒后，将内部的水擦干净，水果泡入混有苏打粉和食醋的水中，然后用流动水将其清洗干净。

2 根据西红柿大小的不同，可以将它们切成4~6等份，将李子内的核取出，只留下果肉备用。

3 将西红柿按照一层水果一层糖的顺序放入准备好的瓶子中，并在最上面用厚厚的糖盖起来。

4 李子也按照3中所示的方法进行腌制。

5 在常温下保存，待瓶中糖全部溶化后可放入冰箱中，腌制一个月左右就可以食用了。

TIP

· 糖水李子可以作为饮料饮用，也可以在制作沙拉调味汁或腌制猪肉的时候代替糖来使用。

· 在做饭的时候，可以用糖水西红柿来代替糖；另外，也可以在腌制牛肉、制作沙拉调味汁的时候使用。

保存期限：冰箱内保存为3个月

适用包装：密闭容器（P45）+纸袋（P25）

适合场合：生日（P19）、教师节、父母节（P29）

步骤2

步骤3

能伴着茶、点心、饭一起吃的

炒谷子

香喷喷的谷子越嚼越香，这种香味会充满整个口腔。这些谷子遇到热水后，就会变成茶。如果直接放入水里面泡开，会变成像锅巴水一样的食物。可以在拜访老年人的时候带上这种食物。

材料（500ml，1瓶）

杂粮（糙米、黏米、小米、黑米等）300g
绿心黑豆 100g
水2杯

制作方法

1 杂粮和绿心黑豆放在一起洗干净后，放在水中充分泡3～4个小时。

2 在电饭锅或高压锅中放入水，然后开始蒸饭，此处需注意水量

3 将蒸好的饭铺放在盘子或柳条盘中，晾一天左右。夏天的时候也可以使用电风扇来晾。

4 当发现变硬了的杂谷饭攥在手中而不粘在一起时，将其分成3份，放入热锅中翻炒3～4次。

5 待其完全变凉后装入密闭容器中。

TIP

· 炒过的谷子放置时间过久会受潮变软，此时再重新翻炒一遍就可以了。

PLUS RECIPE · 手工油茶面

炒谷子200g、坚果（杏仁或核桃）30g、黑芝麻4大茶匙、大豆面 4大茶匙

1 坚果和黑芝麻放在锅中翻炒后待其变凉。

2 将除了大豆面以外的材料分别放入食物料理机中搅碎，然后把各个材料放在一起混合后，再一次进行搅拌，最后把大豆面放入里面。

3 待其完全凉透后，放入密闭容器中，可室温或冷藏保存。

TIP· 用牛奶来冲泡油茶面，是一顿绝佳美餐，如果喜欢吃甜食，可以在里面加一些蜂蜜。

保存期限：室温保存为1个月
适用包装：各种容器(34p)
适合场合：教师节，母亲节(29p)

步骤2

步骤3

世界上最甜的红酒

桑格利亚气泡酒

在招待客人的时候，饮料和饭菜一样，需要格外花些心思。那么在便宜的红酒中加入一些冷藏过的水果块，作为派对上的饮料想必是一个不错的选择。

材料（1L，1瓶）

红葡萄酒1瓶

汽水250ml

糖4大茶匙

西柚1个

橙子1个

柠檬1个

苹果1个

制作方法

1 柠檬和苹果泡入混有苏打粉和食醋的水中，然后用流动水将其清洗干净。

2 将西柚和橙子对半切开后，根据大小的不同分成2～4等份，然后将柠檬切成5mm左右的厚度，并将苹果切成薄片。

3 将切好的西柚、橙子放入玻璃罐中，并用棒槌捧出果汁，然后再将柠檬和苹果放入里面。

4 最后将红葡萄酒、有汽矿泉水和糖放入罐中，混合后就可以饮用了。

TIP

· 葡萄酒请选择使用干红，如果只有甜味强烈的红酒，就需要不要再往里面加糖。

· 如果桑格利亚气泡酒放置时间过长，会使水果变得不新鲜。可以在使用的前一天制作，然后在冰箱中放置半天到一天左右。

· 在里面放置多种时令水果，会使桑格利亚气泡酒变得更加独特。

保存期限：冰箱保存为1周

适用包装：一次性用品（P54）

适合场合：野营（P52）

步骤2

步骤3

步骤4

冬季夜晚不再孤独的理由

热红酒
（Mulled Wined）

浑身冰冷的时候，厚厚的毯子和一杯热乎乎的红酒是绝好的特效药。热红酒在各个国家有着不同的名字，且深受各国人民的喜爱。大家可以尝试一下在有水果酒相伴的漫漫冬夜，与朋友亲人一起把酒言欢。

材料（1L，1瓶）

红葡萄酒 1瓶

橙汁3/4杯

桂皮棒 2个

糖4大茶匙

丁香6个

八角1个

橘子2个

柠檬1个

橙子1个

梨1个

生姜1块

月桂叶2片

肉豆蔻（可省略）1个

制作方法

1 橘子、柠檬、橙子和梨泡入混有苏打粉和食醋的水中，然后用流动水将其清洗干净。

2 生姜去皮，切成5mm左右的薄片，并将洗干净的水果也切成适当大小。

3 将除了红酒和糖以外的材料倒入锅中，用中火加热，一段时间后加入1/4杯红酒和糖，继续加热5分钟左右。

4 将剩余的红酒全部倒入锅中，并将火改为小火，搅拌后盖上锅盖继续煮5分钟左右。

5 关火后放置10分钟。

6 将水果和香辛料全部捞出后，就可以畅饮了。在饮用时可以先将其加热，味道更佳。

TIP

· 100块1瓶的红酒，也可以制成美味的饮品。

· 葡萄酒请选择使用干红。如果只有甜味强烈的红酒，那么请不要再往里面加糖。

保存期限：冰箱保存为1周

适用包装：玻璃容器（P24）

适合场合：圣诞节、年末聚会（P61）

步骤2

步骤3

男女都爱的
覆盆子酒

覆盆子对于疲劳恢复、眼部健康、预防老化以及皮肤美容有着非常好的效果。将其制成糖水或是酒保存起来，一年四季皆可享用。覆盆子酒做为一种传统酒，适合送给老人、夫妻，或是和外国朋友见面时饮用。

材料（1L，1瓶）

覆盆子 500g

糖250g

烧酒750ml

制作方法

1 将覆盆子枝叶摘除后，用流动水清洗，清洗干净后待水蒸发。

2 在1的覆盆子中放入糖，拌匀后装入瓶中，在室温下放置1天左右。

3 当糖溶化后倒入烧酒，放置在阴凉处使其充分发酵后，将覆盆子过滤出来。

4 将过滤后的覆盆子酒装入干净的瓶子中，并放置在阴凉处或冰箱中保存。

TIP

· 6～8月是覆盆子成熟的季节，然而这个季节的覆盆子会很快变软，因而想要购买到新鲜的覆盆子是很难的，可以选用冷冻的覆盆子。

· 覆盆子和淡水章鱼乃"天生一对"，当覆盆子酒制作完成后，买一些烤章鱼，二者搭配起来十分有助于元气的恢复。

保存期限：常温保存为1年
适用包装：玻璃容器（P24）
适合场合：夫妻节（P30）

制作简单的高级调料

调味盐

品质高的食盐不但可以让食物更加美味，对于健康也是极为有益的。我们可以在食用海盐中加入各种香辛料制成调味盐来使用。

柠檬香草食盐

材料（200ml，1瓶）

食用海盐150g

柠檬1个

干香草3大茶匙（迷迭香、百里香）

干胡椒粒1小茶匙

制作方法

1 柠檬清洗干净后，用擦子将皮擦成碎屑，此时应注意柠檬皮上不可留有白色的部分。

2 将食用海盐和柠檬皮放在干的平底锅中，并用中火炒3分钟，然后将其放凉。

3 用食品搅拌机将香草和干胡椒粒搅拌后放入里面。

TIP

· 香菇大蒜食盐用于炒菜类或汤类食物，红酒食盐用于制作牛排和烧烤类食品。后文介绍的柠檬香草食盐可用于制作海鲜、鸡肉类以及沙拉类食品。

保存期限：常温保存为3个月

适用包装：塑料容器（P44）

适合场合：夫妻节（P30）

香菇大蒜食盐

材料（200ml，1瓶）

食用海盐150g

干香菇40g

蒜泥 4大茶匙

制作方法

1　食用海盐和蒜泥倒入平底锅中，并用中火翻炒3分钟，直至其颜色泛黄。

2　待其凉透后，将炒过的食盐和干香菇倒入搅拌机中进行搅拌。

红酒食盐

材料（200ml，1瓶）

食用海盐150g

红葡萄酒300ml

制作方法

1　红酒放入锅中，以中火熬到还剩1/4的量，放入食用海盐，并快速搅拌。

2　将炒过的食盐铺放在大的盘子中晾干，直至水分完全蒸发，并不断翻弄结块的食盐，将其打散。

韩餐西餐皆适合的

东方风味调味汁

该调味汁中加入了意大利香脂醋和酱油，因而无论是韩餐还是西餐都可以使用。另外，用面包蘸着吃味道也很好，可以像在西餐厅那样，在正式就餐前，用面包蘸着它吃。

材料（500ml，1瓶）

初榨橄榄油1杯
酱油2/3杯
意大利香脂醋2/3杯
食醋1/3杯
糖4大茶匙
洋葱1/4个
大蒜8瓣
食盐1/2小茶匙
胡椒粉1/4小茶匙

制作方法

1 切碎其中的六瓣大蒜，将剩余的两瓣与洋葱放在一起捣碎。

2 在锅中转圈倒入初榨橄榄油，将切碎的大蒜放入，用小火炒至泛黄后，将其捞出。

3 将捣碎的大蒜和洋葱放入玻璃盆或是不锈钢盆中，倒入2中的热油，将洋葱和大蒜爆香。

4 将意大利香脂醋、食醋、酱油、糖、食盐、胡椒粉按顺序一一放入里面，并搅拌均匀，东方风味调味汁就制作完成了。

TIP

· 可以在使用前的半天制作，然后将其放入冰箱内保存。待其变凉后，即可随时送人了。

· 可以将炸过的大蒜像黑胡椒那样洒在沙拉或是炒饭上面食用。

· 初榨橄榄油没有经过深加工，是直接从橄榄中萃取出来的，而一般的橄榄油（纯橄榄油）则是和精制橄榄油一起混合制成的产品。如果想享受橄榄油其本身的滋味，那么尽量使用初榨橄榄油。

保存期限：冰箱保存为3周
适用包装：塑料容器（P44）
适合场合：乔迁（P39）家庭聚会（P65）

完全不油腻的健康味道

豆腐蛋黄酱

将坚果、豆腐和柠檬汁等对健康有益的食材放在一起，一道香喷喷的豆腐蛋黄酱就诞生了！而且完全不用担心发胖，可以尽情享用。

材料（200ml，1瓶）

腰果1/2杯
嫩豆腐160g
蒜泥1/2小茶匙
第戎芥末酱1/2小茶匙
柠檬汁2大茶匙
食盐1/4小茶匙

制作方法

1 将腰果倒入炒锅中翻炒至泛黄后，将其晾凉。
2 将剩下的食材倒入食物料理机中打碎，然后将炒过的腰果倒入里面。
3 继续打碎后就制作完成了。

TIP

· 由于这种酱是由豆腐制成的，因而不适合保存较长时间，可以每次少做一些。在送人的时候，请写上制作日期和食用期限。
· 该料理适合送给家中有素食主义者、病人、孩子，或是正在减肥的人。

保存期限：冰箱保存为2周
适用包装：塑料容器（P44）

步骤1

步骤2

步骤3

冰箱中只要有一罐就会让人很安心的

烤肉调味酱

在家中手工制作烤肉调味酱多少会让人觉得麻烦。而如果身边有不相信市面上卖的调味酱且口味十分挑剔的朋友，那么不妨送给他们这种烤肉酱。只要掌握好比例，就能轻松制作出来。

材料（500ml，1瓶）

酱油1杯

清酒1/2杯

糖85g

香油3大茶匙

葱泥4大茶匙

蒜泥2大茶匙

芝麻1大茶匙

胡椒粉1/4小茶匙

制作方法

1 葱和大蒜捣成泥。

2 将所有的材料混合在一起翻炒，并一直搅拌至白糖完全溶化。

3 倒入容器中，然后放入冰箱中，一天后其味道会更加浓郁。

TIP

· 在腌制肉的时候请按照每70g肉1大茶匙酱的比例。

· 如果肉很薄，则不需要提前腌制。在烹制的时候直接掺入调料即可。

· 送调味酱的时候，可以用该调味酱做一些烤肉、杂菜、炒年糕等料理一起送出更好。

PLUS RECIPE · 蘑菇烤肉（2人份）

牛肉烤肉条200g、松茸1朵、香菇1朵、平菇1朵、洋葱1/2个、大葱葱白5cm、食用油少许、烤肉调味酱4大茶匙

1 将洋葱用菜刀切块，并将蘑菇撕成适宜的大小。

2 将调味酱倒入牛肉中腌制10分钟。

3 在烤肉锅中倒入少许食用油，然后将腌制过的牛肉铺放在锅中，最后将蘑菇、洋葱、大葱放入里面，待其熟后即可关火。

保存期限：冰箱保存为3周
适用包装：塑料容器（P44）
适合场合：乔迁（P39）

白米饭的绝佳搭档

牛肉辣椒酱

可以将牛肉辣椒酱当做小菜送人，也可以在野营的时候带上一份。送给朋友这种辣酱是非常不错的选择，另外对于自己做饭的人来说，也可将这种酱当做拌饭酱来使用。

材料（500MI，1瓶）

牛肉末400g

烤肉调味酱4大茶匙

干香菇2朵

水1杯

辣椒酱2杯

蒜泥2大茶匙

香油4大茶匙

核桃泥1杯

蜂蜜1大茶匙

制作方法

1 核桃泥倒入烤盘中翻炒至颜色变黄。

2 将剁碎的牛肉末放在厨房毛巾上，吸掉其中的血沫后，放入烤肉调味料（参照P97）腌制10分钟。

3 向干香菇中倒入一杯温水，待其泡开后捞出，并剁碎。

4 向热锅中转圈倒入香油，然后将蒜泥、香菇末、牛肉末倒入锅中翻炒。

5 待牛肉炒熟后，加入核桃泥、辣椒酱和香菇末，一直翻炒至散发出香味，最后拌入蜂蜜。

6 待其完全凉透后，装入到保存容器中，放入冰箱冷藏。

TIP

· 在压碎坚果的时候，可以用刀，也可以将其放在保鲜膜上面，用擀面杖按压。

· 必须将牛肉末中的血沫完全去除掉后才可以使用，这样做可以避免炒制辣椒酱时有异味产生。

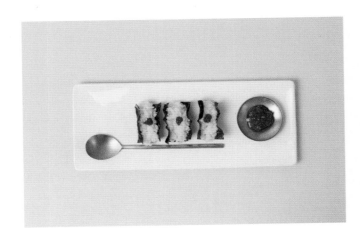

保存期限：冰箱保存为2周

适用包装：玻璃容器（P24）

适合场合：送给朋友（P40）

我们家的家庭餐

在特殊的日子里不一定需要吃精致昂贵的料理。

平凡而又日常的料理也可以变身为十分棒的礼物。

在收到类似佐饭小菜、米饭、汤一类的礼物时，能让我们感受到平凡的美好。

下面就来分享一下每个人都喜欢，且随时都可以享用的——我们家的味道。

枫叶红了的秋天便当

根类蔬菜营养饭

请尝试一下用胡萝卜制成枫叶的形状，然后将其铺满在饭的上面吧。坐在枫树下面，吃着枫叶便当，绝对是秋天郊游的绝佳体验。另外，也可以用牛蒡、莲藕一类的根类蔬菜代替胡萝卜放入饭中，将其制成营养餐也是一个不错的选择。

材料（两人份）

大米2杯	豆腐调味酱
牛蒡100g	豆腐100g
莲藕150g	香葱3段
胡萝卜100g	酱油2大茶匙
干香菇5朵	蜂蜜（或木糖醇）1大茶匙
海带10cm×10cm	蒜泥1小茶匙
水（泡海带和香菇的水）2+1/3杯	香油2大茶匙
酱油3大茶匙	芝麻1大茶匙
料酒2大茶匙	
食盐1/4小茶匙	
食醋少许	

保存期限：冰箱保存为3天
适用包装：便当盒（P54）
适合场合：郊游（P51）

步骤1

制作方法

1 大米清洗干净并浸泡10分钟后捞出铺放在筛子上，待水分蒸发干。将干香菇和海带放入温水中浸泡10分钟。

2 牛蒡、莲藕去皮，并将其放入滴有食醋的水中浸泡。

3 将牛蒡、莲藕和2/3的胡萝卜切片，泡好的香菇同样切片。

步骤3

4 剩下的胡萝卜雕刻成枫叶的形状。

5 在泡有香菇和海带的水中加入酱油、料酒和食盐，制成煮饭要用到煮米水。

6 可以将米倒入电饭锅或是铁锅中，然后将牛蒡、莲藕、胡萝卜、香菇一一放入里面，并将其充分搅拌。然后倒入煮米水，并将胡萝卜枫叶放在米饭表面。

步骤4

7 将豆腐中的水分去除掉捣碎，将剩下的食材全部倒入里面搅拌，制成调味酱。该酱料可以拌入米饭中食用。

TIP

· 将胡萝卜切成薄片，更容易将其制作成枫叶的形状。

· 也可以不将豆腐制成调味酱，将其与小菜放在一起食用味道也很不错。

· 蒸米饭的时候，可以先用大火将其煮开，然后转为小火继续蒸煮15分钟左右后，关火焖10分钟左右。

步骤6

充满田园气息的饭食

烤肉包饭

你可以尝试用大叶的蔬菜包裹米饭食用，其口感十分清新美味。在其中放入三种包饭酱，再配以烤肉，没有什么是比这更完美的了。

材料（2人份）

大叶蔬菜（用于包饭）15片

腌制过的牛肉200g

米饭2碗（500g）

蔬菜条（胡萝卜、黄瓜、青辣椒等）适量

米饭腌料

食盐1/4小茶匙

芝麻1小茶匙

香油1/2大茶匙

蘑菇包饭酱

蘑菇（杏鲍菇、平菇等）300g

干香菇2朵

大酱7大茶匙

辣椒酱2大茶匙

蜂蜜1大茶匙

香油1大茶匙

蒜泥1大茶匙

水（用于泡开干香菇）1/3杯

豆腐坚果包饭酱

坚果（核桃、葵花籽、南瓜子等）40g

豆腐1/3块

尖椒2个

大酱7大茶匙

辣椒酱2大茶匙

辣椒粉1大茶匙

蒜泥1大茶匙

葱末2大茶匙

白苏油1大茶匙

蜂蜜1大茶匙

芝麻1/2大茶匙　　　　大酱5大茶匙

水1/2杯　　　　　　　葱末1大茶匙

大蒜包饭酱　　　　　　蜂蜜1大茶匙

整头大蒜（小的）30个　香油2大茶匙

制作方法

1 蘑菇包饭酱制作方法

a. 将干香菇放在温水中泡开，然后切碎。

b. 在锅中转圈倒入香油，将蘑菇和蒜泥倒入锅中翻炒，然后加入大酱和辣椒酱，继续翻炒3分钟，最后将泡开的香菇倒入，放入蜂蜜并关火。

2 豆腐坚果包饭酱制作方法

a. 在干燥的锅中倒入坚果炒至泛黄放在一旁备用。将白苏油倒入锅中，倒入蒜泥、葱末、大酱、辣椒酱、辣椒粉、去水的豆腐以及炒过的坚果后继续翻炒。

b. 倒入水并煮至沸腾时，放入尖椒末、芝麻和蜂蜜。

3 大蒜包饭酱制作方法

a. 将整个蒜瓣放入沸水中煮2分钟左右，然后再将其放入冷水中。

b. 在锅中转圈倒入香油，将大酱和葱末翻炒后，加入用水焯过的大蒜，均匀搅拌并加入蜂蜜。

TIP

· 将包饭制成方便食用的大小。

· 在将便当打包的时候，待食物完全凉透后再盖上盖子。如果食物中掺入水蒸气，不但会影响其味道，还很容易变质。

· 在制作包饭时，里面也可以只放一种包饭酱。

保存期限：冰箱保存为3天

适合场合：各种盒子（P34）+手绢（P35）

适合场合：生日（P19）

饭团

饭团，不但材料简单，其制作方法也十分容易。你可能会因不知道在香喷喷的米饭中加入什么材料而苦闷不堪，然而正是这种令人觉得有丝未知的心情，才会使你在制作饭团之时，感受到别样的快乐。

蘑菇饭团

材料（2个）

米饭1碗（250g）

蘑菇（自己喜欢的）150g

香油1大茶匙

蘑菇腌料

酱油1大茶匙

腌料1大茶匙

清酒1大茶匙

制作方法

1 将切碎的蘑菇倒入油锅中翻炒，然后加入酱油、腌料以及清酒，爆炒出香味。

2 将炒过的蘑菇拌入米饭中，将其捏成方便食用的圆形饭团。

步骤2

泡菜烤肉饭团

材料（两个）

米饭1碗（250g）

腌制过的牛肉150g

泡菜30g

米饭腌料

香油2小茶匙

芝麻盐1小茶匙

泡菜腌料

香油1小茶匙

糖1/2小茶匙

芝麻盐1/2小茶匙

制作方法

1 泡菜切碎后倒入腌料腌制，将烤肉（参见P97）炒好后切成小块备用。

2 将腌制好的米饭完全放凉后，在其中包入泡菜和烤肉。

TIP

· 在制作紫菜包饭和饭团时，将大米中掺入一些黏米，会使口感更佳。

· 放入饭团中的食材如果太大的话，在食用时饭团容易松散开，请将其切小一些。

· 可以用保鲜膜将饭团一个个包起来，在封口处可以用胶带固定。

保存期限：冰箱保存为3天

适用包装：各种盒子（P34）+手绢（P35）

适合场合：登山（P53）

步骤2

3种紫菜包饭套餐

下面给大家介绍卷入了满满鸡蛋的庆州名吃"校里紫菜包饭"，鳀鱼和辣椒完美搭配的"鳀鱼辣椒紫菜包饭"，以及制作方法超级简单的"酱菜紫菜包饭"。如果你能做出这三种紫菜包饭，相信一定会有人夸你"原来你也会做饭啊！"。

教理紫菜包饭

材料（2人份）

紫菜包饭专用紫菜2张
米饭1碗（250g）
鸡蛋3个
黄瓜1个
胡萝卜1/2个
牛蒡1/2根
长条腌萝卜1个
紫菜包饭专用火腿1个

蛋液腌料
料酒1大茶匙
食盐1/4小茶匙

牛蒡腌料
酱油1小茶匙
糖1/4小茶匙
卤汁1/2小茶匙

制作方法

1 黄瓜、胡萝卜、牛蒡全部用刀切成条，将牛蒡放入滴入油和食醋的沸水中稍稍焯一下，然后将腌料倒入并翻炒。

2 将放入腌料的蛋液制成十张薄薄的蛋皮，然后将其叠放在一起切成条状。

3 将腌萝卜切成1cm左右的厚度，将火腿也切成同样大小，并稍微烤一下。

4 在紫菜包饭专用的紫菜上铺一层米饭，然后取黄瓜、胡萝卜、牛蒡、腌黄瓜、火腿各一根，再加入切好的鸡蛋，最后将它们卷起来。

保存期限：冰箱保存为3天
适用包装：一次性用品（P54）
适合场合：郊游（P51）

步骤4

鳀鱼辣椒紫菜包饭

材料（2人份）

紫菜包饭专用紫菜2张
芝麻叶2张
米饭1碗（250g）
炒鳀鱼4大茶匙
青椒3个
泡菜30g
胡萝卜1/3个
鱼糕条

米饭腌料
香油2小茶匙
芝麻盐1小茶匙

泡菜腌料
香油1小茶匙
糖1/2小茶匙
芝麻盐1/2小茶匙

制作方法

1 制作前准备好炒鳀鱼（参照P115），将泡菜腌制后拌在一起。

2 将青椒中的辣椒籽取出后切成长条，胡萝卜和鱼豆腐切成薄片。

3 将鱼糕条倒入平底锅中翻炒。

4 在紫菜上铺一层凉透的腌制米饭，然后将芝麻叶撕成一半后铺在上面。

5 将腌制好的泡菜、炒鳀鱼和其他剩余食材铺在上面，把紫菜包饭卷起来。

步骤5

酱菜紫菜包饭

材料（2人份）

紫菜包饭专用紫菜2张
米饭1碗（250g）
萝卜酱菜50g
午餐肉2片
鸡蛋2个

萝卜酱菜腌料
香油1小茶匙
芝麻盐1/2小茶匙

制作方法

1 在萝卜中放入调料腌制后，并将其切成1cm厚度的长条。

2 将午餐肉也切成相同的厚度，并将其煎至表面泛黄。

3 将紫菜切成一半大小，把米饭薄薄地铺在上面后，放上萝卜酱菜和火腿，最后卷成小型紫菜包饭。

TIP

· 如果你尝试做过炒鳗鱼、明太鱼和酱菜等风味的紫菜包饭，那么以后制作紫菜包饭时，将会变得十分容易。

PLUS RECIPE · 萝卜酱菜

萝卜1个（600g）、尖椒1个、酱油1杯、水1杯、糖1杯、食醋1杯

1 萝卜清洗干净后将皮去掉，然后将其切成四等份，并准备整个的尖椒。

2 酱油、水、糖、食醋按1:1:1:1的比例放入锅中，然后将水烧至滚开后关火。

3 将萝卜和尖椒放入玻璃或珐琅瓶一类的容器中保存，并将之前制作好的汤汁倒入里面，将其放在常温下发酵1天左右后，移入冰箱冷藏。

步骤3

111

受到宠爱的证据

海带汤

为了某个特别的人专门准备的海带汤就像"受到宠爱的证据"一样，能让人感受到对方的心意。在家人、爱人生日或是挚友分娩的时候，给他们送上"爱的证据"怎么样呢？

材料（2人份）

干海带15g
韩牛牛排骨60g
香油1/2大茶匙
蒜泥1大茶匙
水4杯
1大茶匙
食盐少许

制作方法

1 干海带放入水中泡10分钟，然后用清水将其清洗干净后，把多余的水分去掉。

2 在1的海带中放入1/2大茶匙老抽和蒜泥，并将它们拌在一起。

3 把牛排骨放入冷水中泡30分钟，将里面的血水全部去除干净，然后将排骨切成适宜的大小。而如果买的排骨是切好的熬汤用的排骨，则可以用厨房毛巾吸掉里面的血水。

4 在锅中转圈倒入香油，把牛肉放入锅中翻炒，待炒熟后，将拌好的海带放入里面，然后继续翻炒10分钟左右。此时注意将海带中的水全部炒干。

5 将准备好的水倒入锅中，然后将剩余的酱油倒入里面，如果味道淡，则可以用食盐进行调味。

TIP

· 请不要将葱放入海带汤中，葱中的硫磺成分会破坏海带中的钙质。
· 老抽要比普通酱油更容易上色，如果没有老抽也可以放入少量的一般酱油，然后用食盐调味。
· 海带汤需要熬制1小时以上。

保存期限：冰箱保存为3天
适用包装：密闭容器（P45）
适合场合：朋友成为母亲的日子（P17）、生日（P19）

炒鳀鱼

炒鳀鱼虽然不可能成为饭桌上的主角，但却可以为餐桌增色不少。制作起来有一些困难，但只要注意以下几点，就完全可以做出美味的佳肴。

材料（2人份）

鳀鱼70g
坚果（核桃、葵花籽、南瓜子等）40g
食用油1大茶匙
烧酒（或清酒）1大茶匙
蒜泥1小茶匙
尖椒1/2个

调味酱
酱油1大茶匙
糖1大茶匙
糖稀1/2大茶匙
芝麻1小茶匙
香油1小茶匙
胡椒粉少许

制作方法

1 尖椒切成小段，然后将其与调味酱材料拌在一起。

2 在平底锅中转圈倒入食用油，将坚果放入锅中炒至金黄色后，倒入烧酒，并将其翻炒至水蒸气完全消失为止。

3 倒入蒜泥和尖椒后继续翻炒一会儿后倒入另一个碗中。

4 将调味酱材料倒入平底锅中煮开。

5 将炒过的鳀鱼和坚果倒入4中，并把调料均匀的倒在上面继续翻炒，炒鳀鱼就制作完成了。

TIP

· 请将剩下的鳀鱼冷冻保存。
· 在关火之前，加入1大茶匙蛋黄酱，会使其更加松软清香。

保存期限：冰箱保存为2周
适用包装：玻璃容器（P24）
适合场合：给朋友（P40）

韭菜煎饼

煎饼薄且松软，适合作为下酒小菜。并且加入了辣椒酱的煎饼在变凉后也不会发出面粉的味道，因而也可以将其放在便当中。

材料（2人份）

芝麻叶5张
嫩南瓜1/4个
韭菜1/4捆
青辣椒2个
鸡蛋1个
煎饼粉1杯

辣椒酱1大茶匙
水150ml
食用油少许

保存期限：冰箱保存为3天
适用包装：一次性用品（P54）
适合场合：登山（P53）

步骤1

步骤2

步骤3

制作方法

1 韭菜切成4cm的小段，青辣椒切碎，嫩南瓜和芝麻叶切细条。

2 在面粉中加入鸡蛋和水，搅拌均匀后加入辣椒酱做成面糊。

3 将2中面糊调好后，把蔬菜全部倒入里面并充分混合。

4 在平底锅中倒入食用油，将面糊倒入锅中制成薄饼，两面煎熟。

步骤4

TIP

· 将辣椒酱替换为等量的大酱，就制成了大酱煎饼。

不逊于酱牛肉的

洋葱腌蛋

该小菜是用厨房中最为常见的材料——鸡蛋和洋葱制作而成。其制作方法十分简单，但它的味道却完全不逊于酱牛肉。

材料（2人份）

鸡蛋4个

洋葱1/4个

腌制汤料

酱油1/2杯

糖1/2大茶匙

料酒1/2杯

大蒜3瓣

干红辣椒（或尖椒）1个

胡椒粉少许

制作方法

1 鸡蛋煮熟后剥掉蛋壳，将洋葱切成细丝。

2 将所有腌制的食材倒入锅中煮沸。

3 将鸡蛋和洋葱放入容器中保存，然后将腌制汤料倒入容器，待其完全凉透后盖上盖子。

4 放入冰箱冷藏3小时左右，当味道进入洋葱和鸡蛋中后即可食用。

TIP

· 鸡蛋冷水下锅大火煮沸。沸腾后再煮12分钟左右，此时的鸡蛋味道和颜色最好。

· 将鸡蛋和洋葱捞出来食用后，剩下的汤料可以再煮一次。或者也可以将其制成蘸饼的酱料。

保存期限：冰箱保存为1周

适用包装：玻璃容器（P24）

适合场合：给朋友（P40）

酸甜且有助于提高食欲的

苹果泡菜

苹果泡菜对于吃不惯泡菜的孩子来说更易接受，且在生病的时候，和粥一起食用更加适合。请注意一定要使用较甜的苹果，因为苹果泡菜的魅力正取决于此。

材料（1.5L，1桶）

苹果1个
萝卜1/5个
水芹菜100g
红辣椒2个
粗盐少许

泡菜汤
豆芽200g
海带5cm×5cm 1张
水（煮海带和豆芽的水）6杯
大蒜3瓣
生姜2cm一块
洋葱1/2个
苹果1/2个
食盐2大茶匙
辣椒粉2大茶匙
糖水梅子（或糖）2大茶匙

制作方法

1 苹果、蔬菜泡入混有苏打粉或食醋的水中清洗干净。

2 将用于制作泡菜汤的洋葱、苹果、大蒜和生姜放入食物料理机绞碎。

3 海带冷水入锅，待其沸腾时，将海带捞出后放入豆芽焯3分钟左右。最后将豆芽捞出，将煮豆芽的水放凉。

4 苹果和萝卜切成3cm左右的方块，将红辣椒中的辣椒籽取出后切丝，将水芹菜也切成适当的长度。

5 苹果、萝卜、水芹菜放入盆中，撒入1大茶匙食盐后搅拌。

6 将清洗后的洋葱，以及苹果、大蒜、生姜和辣椒粉放入盆中。

7 将6倒入豆芽汤中，用勺子搅拌制成泡菜汤后，加入食盐和糖水梅子（或糖）。

8 将腌制好的苹果、萝卜、水芹菜的汤汁全部倒入7中。

9 在常温条件下放置2天（夏天为1天），然后可以移入冰箱冷藏保存。

TIP

· 苹果泡菜发酵好后，10天内食用最为合适。

· 将焯过水的豆芽捞出后，可以做成豆芽杂菜（P123）。如果不立刻使用，则可以将豆芽泡入冷水中冷藏保管，以备需要时使用。

保存期限：冰箱保存为10天
适用包装：密闭容器（P45）
适合场合：探病（P43）

步骤3

步骤4

步骤3

全罗道的独特风味

豆芽杂菜

豆芽杂菜作为辣味豆芽拌菜，是韩国全罗道地区特有的料理。放入大量芥菜，可以使其味道更为独特。

材料（2人份）

豆芽150g
水芹菜适量
胡萝卜1/4个
萝卜4cm 1块
红辣椒1个

调味酱
辣椒粉2大茶匙
食醋2大茶匙
糖2大茶匙
蒜泥1/2大茶匙
芝麻1/2大茶匙
嫩芥菜1/2大茶匙
食盐1/4小茶匙
生姜粉少许

制作方法

1 萝卜、胡萝卜和红辣椒清洗干净后切成长条，水芹菜切成5cm左右的长条。

2 豆芽放入沸水中轻微焯一下后捞出，然后将其放入冷水中。

3 将除辣椒粉以外的所有调料混合制成调味酱。

4 切好的萝卜、胡萝卜放入盆中，撒入辣椒粉，然后将豆芽、水芹菜、红辣椒以及调味酱倒入里面搅拌均匀。

TIP

· 在食用豆芽杂菜或是送人之前，必须拌入调料后才可食用。
· 在焯豆芽的时候，不要放入食盐，因为渗透压作用会使豆芽的水分流失。

保存期限：冰箱保存为3天
适用包装：密闭容器（P45）
适合场合：家庭聚会（P65）

步骤1

步骤2

步骤4

送给熟人的高级料理

肉饼

在节前或是婚礼前，肉饼作为料理礼物的一种，历来受到大家的欢迎。甚至在全罗道有专门卖肉饼的饭店。与前文提到的豆芽杂菜是绝佳搭配。

材料（2人份）

牛肋条肉（或是牛后鞧肉）250g

生姜汁1大茶匙

面粉1/2杯

鸡蛋1个

食用油少许

食盐少量

胡椒粉少许

醋酱油

酱油1大茶匙

食醋1/2大茶匙

芝麻1小茶匙

细葱少许

制作方法

1 用厨房毛巾将切好的薄牛肉片一片一片吸掉里面的血水后，在上面刷一层生姜汁，然后将食盐和胡椒粉洒在上面。

2 鸡蛋液用筛子过滤。

3 将食用油转圈倒入热锅中，将先蘸了面粉后蘸蛋液的牛肉入锅煎制。当牛肉表面冒出点点血水后，将其翻到另一面煎至表面泛黄。

4 将醋酱油的制作材料混合在一起，制成调味酱。

TIP

· 无论是进口肉还是冷冻多时的肉都需要先将其中的血水去除。用厨房毛巾将血水去掉后，撒上姜酒（参考P10）腌制10分钟以上。

· 将豆芽杂菜（参考P123）放在肉饼上包裹起来食用，味道更佳。

保存期限：冰箱保存为3天

适用包装：一次性用品（P54）

适合场合：家庭聚会（P65）

大酱调味汁与猪肉的绝妙搭配

大酱貊炙

大酱貊炙是从高句丽时代流传下来的饮食。而比起其悠久的历史，大酱貊炙更大的魅力则在于它浓郁的"味道"。相较平常的韩国烤肉是用酱油来调味，大酱貊炙顾名思义是用大酱来调味。

材料（2人份）

猪颈肉250g
韭菜适量
山蒜适量
辣椒粉1大茶匙
香油1/2大茶匙
胡椒粉少许

腌制酱
大酱1/2大茶匙
酱油1/2大茶匙
蒜泥1/2大茶匙
蜂蜜1大茶匙
料酒1/2大茶匙
水1/2大茶匙
香油1小茶匙
山蒜适量

制作方法

1 猪颈肉切成1cm左右的厚度，用刀背或松肉槌将肉筋打碎后，在上面撒上胡椒粉。

2 将山蒜捣碎，把其他腌制酱的材料混合在一起后，将猪颈肉放入其中腌制20分钟。

3 锅中倒入香油少许，把2中的猪颈肉平铺在锅中，盖上锅盖烤熟后，将其切成大小适宜的小块。

4 将韭菜和剩余的山蒜切成4cm左右的长度，并放入辣椒粉和香油，充分搅拌后可以与烤制好的大酱貊炙一起食用。

TIP

· 腌制好的肉块放在大火上烤，会使表面的调料变焦，应该盖上锅盖并使用中火进行烤制，期间要注意经常翻面。

· 买不到山蒜的时候，可以将其忽略，也可以用香葱代替。

保存期限：冰箱保存为1周
适用包装：一次性用品（P54）
适合场合：登山（P53）

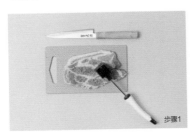
步骤1

步骤2

步骤3

世界料理

送人世界各地的料理，就如同送人一场旅行。

今天可能是日本简易酒馆，明天是希腊露天咖啡店，或是某一天的意大利披萨店……

给情感丰富的人们奉上一场餐桌上的世界旅行吧。

一碗黄澄澄又热乎乎的心意

甜南瓜浓汤

汤是一种清淡而健康的饮食，需要的是时令蔬菜、肉汤、一点点心意以及充足的时间。将这种汤送给错过了早餐的朋友，即温暖胃，更温暖心。

材料（2人份）

甜南瓜1个

洋葱1个

马铃薯（小的）1个

胡萝卜1/4个

大蒜1瓣

大葱葱白1捆

鳗鱼海带肉汤2杯

香叶1片

食盐少量

胡椒粉少许

橄榄油1小茶匙

制作方法

1 甜南瓜对半切开，将瓜中的瓜籽取出，并用削皮刀将南瓜皮全部刮掉，只留下黄色部分备用。

2 马铃薯、胡萝卜和洋葱去皮。

3 将甜南瓜、洋葱、马铃薯和胡萝卜切成小块，大蒜捣碎，大葱切段留作备用。

4 橄榄油转圈倒入锅中，用中火将蒜泥炒出香味，然后将所有的蔬菜倒入锅中翻炒至微微泛黄。

5 将鳗鱼海带肉汤（参考P10）、香叶、大葱放入4中，充分煮20分钟后将香叶和大葱捞出。

6 用手动搅拌机将所有材料绞碎后，加入食盐和胡椒粉。

TIP

· 食用前在表面淋一层鲜奶油，将捣碎的饼干洒在表面可以增加其香味。

· 可以按照自己的喜好选择蔬菜，这样就能制成自己的"专属汤"。

保存期限：冰箱保存为3天

适用包装：塑料容器（P44）

适合场合：朋友成为母亲的日子（P17）

步骤1

步骤4

步骤6

用块状食材制作的
科布沙拉

所谓"科布（Cobb）"，是指将块状的食材切成小块，然后在上面撒一层调味汁制成沙拉，相传是为了突然来访的客人而准备的。此外，由于这种沙拉里面用的食材含水量低，所以也可以将其放入便当中。

材料（2人份）

鳄梨1/2个

大豆罐头1/2杯（扁豆和黄豆）

玉米罐头1/4杯

莫扎瑞拉淡奶酪1/2块

黄瓜1/2个

苹果1/2个

黑橄榄1/4杯

小番茄5个

鸡蛋1个

鸡胸肉1片

腌制酱

清酒1小茶匙

食盐少许

胡椒粉少许

希腊酸奶1大茶匙

橄榄油1小茶匙

蒜泥1小茶匙

干丁香1/2小茶匙

蜂蜜芥末调味汁

白葡萄醋1大茶匙

初榨橄榄油1大茶匙

法式黄芥末酱1大茶匙

白砂糖1/2大茶匙

蜂蜜1/2大茶匙

制作方法

1 鳄梨去核，用勺子将果肉挖出。

2 鸡胸肉切成片后，取一半放入清酒、食盐和胡椒粉腌制。将剩下的一半与腌制酱的材料混合在一起腌制20分钟以上。

3 将大豆罐头和玉米罐头用水冲洗后，铺在筛子上晾干；鸡蛋煮熟。

4 鳄梨、莫扎瑞拉淡奶酪、熟鸡蛋、小番茄和苹果切成指头大小的小块；用勺子将里面的黄瓜籽清除后切成小块。

5 橄榄油转圈倒入平底锅中，鸡胸肉煎至金黄色后切成大块。

6 用打蛋器将白葡萄醋和初榨橄榄油搅拌至泛出白沫，然后将剩下的调味汁材料混合到里面。根据自己的喜好，可以适当加一些食盐和胡椒粉。

7 将材料倒入碗中，食用之前需将调味汁淋在上面。

TIP

· 果皮呈深绿色，摸起来较软且蒂一碰就掉的鳄梨最为香甜可口。

· 在使用蜂蜜芥末调味汁时，需放入冰箱冷藏一段时间后再取出来使用。

保存期限：冰箱保存为3天

适用包装：密闭容器（P45）

适合场合：圣诞节、年末聚会（P61）

步骤1

步骤5

步骤6

手工制作豆腐蛋黄酱的神来之笔

沃尔多夫沙拉

由核桃、水芹菜制作而成的沃尔多夫沙拉，其美味的秘密就在于调味汁。在里面加入由豆腐和坚果制成的豆腐蛋黄酱，会使其味道变得非常爽口。

材料（2人份）

苹果1个

水芹菜适量

核桃15g

生菜1片

豆腐蛋黄酱4大茶匙

柠檬汁少许

食盐少许

胡椒粉少许

制作方法

1 苹果洗干净后切成2cm大小的方块。

2 留下水芹菜的菜茎部分，将里面的纤维质去除后，切成2cm左右的小段。

3 用刀将核桃切成粗的颗粒后，倒入干的平底锅中炒至泛黄，然后放凉。

4 在提前制作好的豆腐蛋黄酱（参考P95）中加入柠檬汁、食盐和胡椒粉，制成调味汁。

5 在沙拉食材中加入调味汁，搅拌均匀后，在碗底部铺一片生菜，将沙拉倒在上面。

TIP

· 该沙拉最初是由纽约的沃尔多夫酒店（Waldorf-Astoria Hotel）创造的，因而将其命名为"沃尔多夫沙拉"。

· 搭配烤鸡胸肉，对减肥十分有帮助。

· 将苹果泡入糖水中或是拌入一些柠檬汁，可以防止其氧化。

· 将生菜放在底部，然后将沙拉放在其上面，这种装饰方法是传统的沃尔多夫沙拉所使用的。在用一次性容器盛装料理的时候，不妨考虑一下这种装饰方法。

保存期限：冰箱保存为3天

适用包装：塑料容器（P44）

适合场合：给朋友（P40）

丰盛宴会的一等功臣

墨西哥酱

微辣的西红柿辣酱、有着鳄梨香甜气息的鳄梨酱、突出了希腊酸奶风味的酸奶黄瓜都可以搭配一些烤干酪辣味玉米片、饼干以及一些切成长条的蔬菜酱食用。

西红柿辣酱

材料（3~4人份）

西红柿（大的）3个
洋葱1个
青椒1个
尖椒1个
蒜泥1小茶匙
橄榄油2大茶匙

辣酱1大茶匙
柠檬汁1大茶匙
食盐1小茶匙
胡椒粉少许
香菜少许（可省略）

制作方法

将所有的材料全部捣碎后搅拌，在使用的前一天制作，然后放在冰箱中保存，会使其更加美味。

鳄梨酱

材料（3~4人份）

鳄梨2个
西红柿辣酱300g

制作方法

将成熟的鳄梨去皮去核，用刀或是勺子将其捣碎后，加入西红柿辣酱搅拌。

酸奶黄瓜

材料（3~4人份）

希腊酸奶（或酸奶）150g
青黄瓜1个
蒜2瓣
橄榄油1/2大茶匙
柠檬汁1/2大茶匙
食盐1/4小茶匙
干香草1小茶匙
胡椒粉少许

制作方法

将黄瓜中的黄瓜籽去掉，然后将黄瓜和蒜捣碎，最后将剩下的食材全部放入里面搅拌。

TIP

· 在酸奶黄瓜中可以加入有小茴香（dill）之称的香草，也可以放入市面上常见的香草。
· 可以在酸奶黄瓜上面插几片薄荷叶加以装饰。

保存期限：冰箱保存为1周
适用包装：纸杯（P71）
适合场合：家庭聚会（P65）

西红柿炖贻贝

虽然放入了西红柿和辣椒的西红柿炖贻贝属于西餐，但却也十分符合亚洲人的口味。无论是野营还是年末聚会上，呈上这道菜绝对会大受欢迎。

材料（2人份）

贻贝750g

西红柿少许

水芹菜少许

洋葱1/4个

风味辣椒1个

蒜泥1/2大茶匙

橄榄油1/2大茶匙

食盐少许

胡椒粉少许

干丁香1/4小茶匙

香叶1片

白葡萄酒1/4杯

海带肉汤1杯

保存期限：冰箱保存为3天
适用包装：锅类包装（P55）
适合场合：圣诞节、年末聚会（P61）

步骤1

步骤2

步骤3

制作方法

1 贻贝放入食盐水中浸泡20分钟左右，让其将沙子全部吐干净，揉搓并清洗干净。

2 水芹菜切成0.5cm的长度，并将洋葱切块。

3 将西红柿中的籽去除，切成0.5cm长度的小块，并将风味辣椒切碎。

4 在锅中转圈倒入橄榄油，将蒜泥、辣椒末倒入锅中翻炒，然后倒入洋葱，再继续翻炒一分钟左右。

5 将贻贝放入锅中后，倒入白葡萄酒，将贻贝煮至贝壳张开。

6 放入西红柿搅拌后，倒入鳀鱼海带肉汤（参照P10）。

7 放入香叶和干丁香并继续煮10分钟左右后，加入食盐和胡椒粉调味即可。

步骤6

TIP

· 在锅中放入2大茶匙鲜奶油，会变成更为顺滑可口的西红柿奶油炖贻贝。

· 可以用小番茄代替西红柿，分成2～4等份后使用。

放入莫扎瑞拉淡奶酪的

手工披萨

真正动手做了才会知道，制作披萨饼就如同疙瘩汤一样简单。在周末空闲的时候，和家人们一起，按照个人的喜好制作酱料，将其淋在面饼上，就能烤制出口味独特的披萨了。

材料（直径20cm的披萨2张）

中筋小麦粉190g
干酵母1小茶匙
食盐1/2小茶匙
糖1/4小茶匙
温水125ml

大蒜酱
蒜泥4大茶匙
橄榄油1/3杯
食盐1/4小茶匙

披萨上面的拉丝
熏猪肉8片
小番茄10个
菠菜适量
莫扎瑞拉淡奶酪1罐
意大利奶酪200g
胡椒粉少许

制作方法

1 将干酵母和糖放入温水中，待出现泡沫时再继续放置5分钟。然后将制作大蒜酱的所有材料混合在一起。

2 菠菜洗净沥干水份。将小番茄分成两等份。

3 在小麦粉中放入食盐，倒入放有酵母的水和成面团。当面团揉至面筋出现时，将面团分成两等份。

4 将面团揉成圆形后，用保鲜膜包起来，然后放在温暖的地方发酵30分钟左右。

5 待面团发酵至原来的2倍大小后，用擀面杖将其擀成厚度为20～25cm左右的圆形面饼。

6 在圆形面饼上铺一层大蒜酱，然后将其他食材放在面饼上面。

7 最后将其放入预热好的烤箱中（220℃）烤制10～15分钟。

TIP
· 可以用西红柿酸辣酱代替大蒜酱使用。

PLUS RECIPE · 墨西哥薄饼大蒜披萨

墨西哥薄饼2张、大蒜酱2大茶匙、莫扎瑞拉奶酪1杯、干丁香1小茶匙、胡椒粉少许、墨西哥风味辣椒少许（可忽略）

1 制作大蒜酱，并将墨西哥薄饼稍微烤制一下。

2 按照墨西哥薄饼-大蒜酱-莫扎瑞拉奶酪的顺序放入平底锅中，盖上锅盖，待奶酪全部融化后再稍稍烤制一下。

3 在表面撒一层干丁香，按照自己的喜好加入胡椒粉和墨西哥风味辣椒即可。

保存期限：冰箱保存为3天
适用包装：纸箱子（P44）
适合场合：部队探亲（P42）圣诞节、年末聚会
（P61）

步骤3

步骤5

步骤6

法式辣炖鸡块

红酒烩鸡

红酒烩鸡（Coq au Vin）中的"Coq"是公鸡的意思，而"Vin"则代表的是红酒，将红酒和鸡肉放在一起煮的料理就是红酒烩鸡。望着夏日夜晚的星空，享用着这样的料理，会使野营变得更为有趣。

材料（2人份）

用于炖煮的鸡块（可用鸡腿肉）500g
熏肉50g
红酒1+1/2杯
炸鸡调料1/2杯
西红柿酱1小茶匙
薰衣草1/8小茶匙
香叶1片
中筋小麦粉1+1/2大茶匙
黄油1+1/2大茶匙
蒜泥1小茶匙
食盐少许
胡椒粉少许

双孢菇炒洋葱
洋葱2个
双孢菇200g
黄油4大茶匙
食盐少许
胡椒粉少许

保存期限：冰箱保存为3天
适用包装：锅类包装（P55）
适合场合：野营（P52）

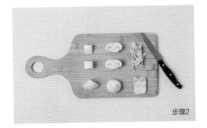
步骤2

制作方法

1 将用于辣炖鸡块的鸡清洗干净后，将其切成大块；把放在室温的1大茶匙黄油和中筋小麦粉混合在一起。

2 熏肉切成15cm左右的厚度，洋葱切块，并将双孢菇分成2～4等份。

3 在热锅中放入4大茶匙黄油，待其熔化后放入洋葱和双孢菇翻炒，然后加入食盐和胡椒粉。将其中的水分炒干，颜色成褐色为止。

步骤3

4 在锅中放入1/2大茶匙黄油和熏肉，将熏肉炒酥脆后，将剩余的黄油倒入鸡肉中，炒5分钟后加入食盐、胡椒粉调味。

5 在4中放入红酒、炸鸡调料、西红柿酱、蒜泥、香草和香叶后，盖上锅盖，用小火焖煮30分钟。

6 将炖菜中的鸡肉暂时捞出后，放入中筋小麦粉和黄油，用打蛋器将其充分混合，然后在面团中加入食盐和胡椒粉。

步骤4

步骤5

7 最后将捞出的鸡肉和双孢菇炒洋葱放入锅里面，充分搅拌。

TIP

· 只要手中有炸鸡调料，完全可以尝试做一些类似浓汤、煨炖菜一类的西式料理。

墨西哥风味 "拌饭"

一提到"卷饼"，就会让人不自觉联想到墨西哥玉米卷，然而真正的风味卷饼米饭是从日本冲绳流传下来的。下面讲的料理是将炒牛肉、西红柿辣酱、洋白菜和奶酪盖在白米饭上制作而成的，没有卷饼，可以将其看做是加入了其他国家调味料的拌饭。

材料（2人份）

米饭2碗
切好的洋白菜1杯
英国切达奶酪100g
莫扎瑞拉奶酪1/2杯
西红柿辣酱1杯
酸奶油2大茶匙
香菜少许（可忽略）

炒牛肉
牛肉末250g
橄榄油1/2大茶匙
蒜泥1/2大茶匙
洋葱末1/2杯
酱油1+1/2大茶匙
辣椒粉1/2大茶匙
孜然粉1/2小茶匙
食盐1/3小茶匙
胡椒粉少许

制作方法

1 将洋白菜、英国切达干酪和莫扎瑞拉奶酪用刀切条。

2 事先制作好西红柿辣酱（参考P137）。

3 在平底锅中转圈倒入橄榄油，将蒜泥、葱末放入锅中翻炒，然后将牛肉末倒入锅中，用锅铲将肉末打散防止结块。加入酱油、辣椒粉、孜然粉、食盐和胡椒粉调味，并将锅中食材炒干。

4 将米饭放入碗中，先铺一层炒牛肉，然后将切好的洋白菜、两种奶酪、西红柿辣酱和英国切达奶酪按此顺序一一铺在米饭上面。

5 根据个人喜好不同，可用香菜加以装饰。

TIP

· 也可以将此料理加入减肥或便当的菜单中。

保存期限：冰箱保存为3天
适用包装：便当盒（P54）
适合场合：郊游（P50）

步骤1

步骤3

步骤4

完全不同于外卖的

炸鸡

不同国家炸鸡的风味也略有不同，美国有KFC炸鸡，韩国有调味炸鸡，而日本最为出名的则是日式炸鸡。无论何种炸鸡，搭配啤酒或高杯酒一起食用则更完美。

材料（2人份）

鸡腿肉250g
红薯淀粉40g
食用油适量

腌制酱
生姜汁1大茶匙
蒜泥1小茶匙
酱油2大茶匙
清酒1大茶匙
糖2小茶匙

制作方法

1 鸡肉切成适宜大小的鸡丁，此时应注意不要将鸡腿肉和鸡皮分开。将生姜放在菜板上切开并榨出姜汁。

2 所有制作腌制酱的食材混合在一起后，将鸡腿肉放到里面腌制30分钟左右。

3 炸锅中倒入充足的食用油。

4 在腌制好的鸡腿肉上均匀地裹一层红薯淀粉，然后放入炸锅中将其炸至金黄色。

5 待其凉透后，重新再炸一次，使其变得更加酥脆。

TIP

· 在热油中放入一些芡粉，如果其沉入油中后马上浮起来，则该温度是最适合烹炸的温度。

· 由于鸡肉不容易熟透，在烹炸时如果油锅温度过高，会使外面糊掉。所以在烹炸过程中，一定要注意油的温度。

PLUS RECIPE · 蒜蓉蛋黄酱汁

蛋黄酱1/2杯、蒜泥2小茶匙、柠檬汁2小茶匙、食盐1/4小茶匙、胡椒粉少许、辣椒粉1/2小茶匙（可忽略）。

将所有食材全部混合到一起就制作完成了，也可作为日式炸鸡或棒状蔬菜的蘸料。

PLUS RECIPE · 高杯酒（1杯）

威士忌30ml、汽水90ml、柠檬汁10ml、冰块适量、装饰用柠檬片和薄荷叶（可忽略）。

在装有冰块的杯中按威士忌-汽水-柠檬汁这样的顺序依次放入杯中，然后用柠檬片和薄荷叶加以装饰。

保存期限：冰箱保存为3天
适用包装：纸箱（P44）
适合场合：部队探亲（P42）

将泡菜和墨西哥薄饼完美搭配的

泡菜墨西哥薄饼

给有西方文化背景的朋友介绍韩国的泡菜和烤肉也是不错的。将泡菜、烤肉、奶酪和酸奶搭配在一起，就可以制作出超出想象的美味料理。

材料（2人份）

墨西哥薄饼2张

泡菜1杯

芝麻叶2张

英国切达奶酪1/2杯

莫扎瑞拉奶酪1/2杯

腌制好的牛肉80g

西红柿辣酱1杯

黄油1大茶匙

辣椒酱汁

希腊酸奶1杯

辣椒酱1/2大茶匙

橄榄油1大茶匙

柠檬汁1/2大茶匙

蒜泥1小茶匙

食盐1/4小茶匙

胡椒粉少许

制作方法

1 泡菜和奶酪切好。

2 辣椒酱汁的食材全部混合在一起，制作成辣椒酱汁。

3 黄油放入锅中熔化，将泡菜放入锅中翻炒，然后将调味好的烤肉（参考P97）与其他的食材分开翻炒。

4 将芝麻叶放在墨西哥薄饼面团上面，然后按照莫扎瑞拉奶酪 – 炒好的烤肉 – 泡菜以及英国切达奶酪的顺序放在薄饼上面。

5 橄榄油转圈倒入锅中，然后将铺好食材的墨西哥薄饼放入锅中烤制。待其变黄且奶酪熔化的时候最为适合。

6 伴着辣椒酱汁或西红柿辣酱（参考P137）一起食用味道更佳。

TIP

· 可以用吃剩下的排骨代替烤肉放到料理里面。

· 将墨西哥薄饼切成3～4等份，分开包装后更便于食用。

· 将辣椒酱汁或西红柿辣酱分开盛装，吃饭时可以将其放在一旁。

PLUS RECIPE · 泡菜奶酪薯条（2人份）

冷冻炸土豆200g、泡菜80g、黄油1/2大茶匙、腌制好的烤肉70g、莫扎瑞拉奶酪1/2杯、英国切达奶酪1/2杯、辣椒酱汁2大茶匙

1 将冷冻的炸土豆炸好放一旁备用，将黄油放入锅中翻炒泡菜。

2 将烤肉炒干。

3 按照炸土豆 – 莫扎瑞拉奶酪 – 泡菜炒肉 – 英国切达奶酪的顺序放入锅中，可以直接翻炒2分钟，或是放入预热至180°的烤箱中烤5分钟。

保存期限：冰箱保存为3天

适用包装：纸杯（P71）

适合场合：家庭聚会（P65）

步骤2

步骤3

步骤4

甜点

甜点一直深受大家的欢迎。日常生活中，人们最常送的或最常收的礼物就是各种甜点。生日的时候会送生日蛋糕，表达内心感谢之情的节日里会送出传统糕点，而给自己爱的人则会送出甜蜜的巧克力等等。所有这样那样的情感都可以通过精致的甜点表达出来。无论是爱情、友情还是感谢之情，让我们亲手制作甜点，来向对方传达自己的情感吧。

用苹果果汁瞬间制作完成的

水果果冻

尝试亲手制作透明且口味清新的水果果冻吧。可以在里面添加大量自己喜欢的水果，在饭后将其作为甜点，绝对会让你身心愉悦。

材料（4个）

明胶3片

苹果果汁2杯

柠檬汁2大茶匙

糖1大茶匙

水果适量（蓝莓、覆盆子、树莓等）

制作方法

1 水果洗净，明胶泡入冷水中使其膨胀。

2 在锅中倒入1/2杯苹果果汁并将其加热，待其变温后关火。将膨胀的明胶捞出并把水控干，然后放入温热的果汁中。

3 待明胶全部融化后，倒入柠檬汁、糖和剩余的苹果汁，并充分搅拌。

4 将各种切好的水果先放入固定的容器内，后将煮好的液体倒入容器中。

5 将其放入冷藏室1小时以上，以便使其凝固。

TIP

· 也可以使用冷冻的蓝莓、树莓和覆盆子。

· 为了使果冻冷却凝固的时间缩到最短，可以只用一部分的苹果汁。

· 将果冻放入一次性塑料杯或是纸杯中固定，会使包装、送人都变得更为方便。

保存期限：冰箱保存为1周

适用包装：塑料杯（P71）

适合场合：郊游（P50）

步骤1

步骤3

步骤4

营养满分的零食

坚果能量棒

加入了大量对健康有益的坚果、芝麻、大枣和麦片的坚果能量棒，不但营养丰富，且味道极佳。

材料（6个）

麦片200g

核桃50g

杏仁30g

南瓜子20g

黑芝麻2大茶匙

枣干5个

谷物糖浆8大茶匙

黄油2大茶匙（或橄榄油2大茶匙）

制作方法

1 核桃、杏仁、南瓜子擀碎，或直接将其倒入干热的锅中翻炒，直至其泛出金黄色，然后将黑芝麻单独翻炒。

2 将枣干的枣核去掉后，沿纵向将其分成2～3等份。

3 在锅中放入黄油和糖浆，待其煮沸后，倒入麦片、坚果、芝麻和枣干，并将其搅拌均匀。

4 在垫有保鲜膜盘子或模具上，将其切成1cm左右的厚度，然后紧紧压实后，在常温下放置10分钟，使其凝固。

5 切成适宜的大小，一般切成5cm×3cm左右看起来最好。

TIP

· 如果没有枣干，可以用越橘干、李子干代替。如果是送给老年人，则可以选择放一些切得整齐的柿饼。

· 该料理需冷藏保存，在食用时可以按照食用量来拿取。

保存期限：冰箱保存为1个月

适用包装：方形甜点包装法（P70）

适合场合：节日（P33）、送给朋友（P40）

步骤1

步骤3

甜味不强烈且香喷喷的

坚果羊羹

在制作坚果羊羹的时候，可以根据个人的喜好来调节甜味的强度和坚果的数量。该料理不但制作简单，且手工制作的味道要比市面上卖的味道更佳。

材料（4个）

豆沙馅500g

坚果（核桃、松子、杏仁、南瓜子等）100g

水250g

石花菜粉10g

糖50g

糖稀60g

桂皮粉 1/4大茶匙

食盐少许

制作方法

1 石花菜粉放入水中并浸泡10分钟左右。

2 将坚果倒入干热的锅中炒至金黄，然后将其捣碎。

3 将泡有石花菜粉的水加热，待其煮沸时，放入糖和食盐，继续煮2分钟左右。

4 关火，放入豆沙馅，用饭勺或打蛋器将其完全打散。

5 再次开火，待其变粘稠后再继续煮5分钟左右，然后倒入糖稀和坚果，再继续煮2分钟。

6 将其倒入硅胶模具或方形碗中，常温放置4分钟以上，然后移入冰箱冷藏2小时以上使其充分凝固。

7 取出然后切成自己喜欢的形状。

TIP

· 可以放一些切好的熟板栗（或是板栗罐头）、红薯，也可以在里面放一些水果干。

· 如果喜欢较甜的食物，可以在制作时调整糖和糖稀的克数，如加入糖80g，糖稀70g。

保存期限：冰箱保存为2周

适用包装：各种盒子（P34）+布料（P35）

适合场合：节日（P33）

板栗包板栗的

板栗豆

将板栗煮熟后放在筛子上晾干，然后将其按压成粉后，再重新捏成板栗的模样。这种料理的制作方法看起来十分困难，通过它可以让对方感受到自己的诚意。

材料（20~25个）

板栗20个（小的30个）
松子30个
桂皮粉1小茶匙
蜂蜜2大茶匙

制作方法

1 在菜板上垫一层厨房用毛巾，将去壳的松子放在上面，然后包裹上将其捣碎。

2 将板栗放入烧开的水中，煮20分钟左右，将其捞出并放凉并对半切开，然后用茶匙将果肉挖出。

3 将板栗肉碾压成粉后，用筛子筛过，制成馅料。

4 在3中加入桂皮粉和蜂蜜，反复揉搓后制成手指头大小的板栗形状。

TIP

· 适合在喝茶或过节的时候食用。

保存期限：**冰箱保存为5天**
适用包装：**各种盒子（P34）+布料（P35）**
适合场合：**节日（P33）**

步骤1

步骤2

步骤4

核桃柿饼卷

核桃柿饼卷与柿饼汁是绝佳拍档，在过节的时候特别适合送上这样一份礼物，而如果在上面搭配一些奶酪，就变成了超棒的下酒小菜。由于其模样精致漂亮，还经常会有人问我这是在哪里买的。

材料（15个）

柿饼10个
核桃12个

制作方法

1 核桃放入热锅中炒至泛黄，将柿饼的蒂摘掉，沿纵向将其对半切开，然后将里面的籽去除。

2 在寿司帘上面覆一层保鲜膜，将去籽的柿饼平铺开，然后在上面紧密地放两排核桃。

3 先用保鲜膜将其牢牢卷起来，然后用寿司帘再卷一次将其定型。

4 将卷起来的柿饼卷放入冰箱的冷冻室中30分钟以上，使其固定。

5 用刀将其切成1cm左右的宽度。

TIP

· 可以将柿饼核桃卷与柿饼汁搭配在一起食用。把核桃柿饼卷摆放于盘子中，淋上一些柿饼汁，并在旁边摆放一把茶匙，一个高档韩式点心就制作完成了。

· 将其放入冰箱中使其充分定型后才可取出，这样可以防止食用时松散开来。

PLUS RECIPE · 核桃柿饼奶酪卷

柿饼10个，核桃12个，奶酪3大茶匙

在铺第二次核桃仁之前，铺一层奶酪，其他步骤完全相同。可以在喝红酒时，作为下酒小食。

保存期限：冰箱保存为3周
适用包装：各种盒子（P34）+布料（P35）
适合场合：夫妻节（P30）、节日（P33）

步骤1

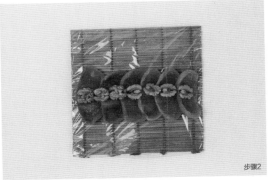

步骤2

不会令人婉拒的甜味

红枣泥

红枣泥是用大枣制作而成，不额外添加糖分，所以不会让人感到甜腻。而在里面加入一些温牛奶，将其当做饮料饮用，还可以有效地治疗失眠。

材料（300ml，1瓶）

大枣280g

水6杯

制作方法

1 大枣用水稍稍清洗，或直接用干毛巾擦干净。

2 把大枣和水倒入锅中，煮制30分钟。

3 将完全煮熟的大枣用饭勺压碎，并用筛子过滤。

4 将过滤过的大枣放入深锅中上火煮，待其变得像果酱那样粘稠时，将火关小，同时不断进行搅拌。

5 待其滚烫时，直接倒入干净的瓶中，移入冰箱保存。

TIP

· 在煮大枣的时候，很有可能会溢出，因而请使用深锅。

· 可以像果酱那样蘸着吃，也可以和水、牛奶混合饮用。此外，在制作汤类料理时，可用其代替糖使用。

PLUS RECIPE · 红枣泥拿铁（1杯）

红枣泥1大茶匙、牛奶1杯。

将红枣泥放入温牛奶中，待其冲散后即可饮用。

保存期限：冷藏保存为3周，冷冻保存为2个月

适用包装：各种盒子（P34）+布料（P35）

适合场合：节日（P33）

生巧克力

在鲜奶油中加入巧克力，就变成了极致丝滑的生巧克力。由于大部分的巧克力在制作时对温度都很敏感，因而对于初学者来说，制作起来可能会比较困难。而生巧克力的制作方法却十分简单，任何人都可以毫无负担地尝试。

材料（20cm×20cm方形奶油模具1盘）

鲜奶油100g

黑巧克力200g

朗姆酒2小茶匙

可可粉30g

制作方法

1 将锡箔纸覆在奶油模具上备用。

2 在鲜奶油煮沸前将火关闭，放入黑巧克力，使其熔化，制成巧克力酱。

3 在巧克力酱中倒入朗姆酒以增加香味。

4 将巧克力酱倒入覆盖了锡箔纸的奶油模具中，然后放入冷藏室中冷藏30分钟使其变硬。

5 将变硬的巧克力从奶油模具中取出，并将其切割成适当大小的正方块。

6 最后在生巧克力上均匀地撒一层可可粉。

TIP

· 如果没有奶油模具，可以用四方形的密闭容器或碟子等代替使用。

· 将牛皮纸或锡箔纸铺在模具上，这样倒入巧克力酱，待其变成生巧克力后，可以很容易取出。

· 切成四方形的生巧克力，其外形如同砖块一样，因而又被称为"pavé（法语单词：砖块）"。

保存期限：冷藏保存为1周

适用包装：塑料杯（P71）

适合场合：情人节，光棍节（P63）

微波炉牌糯米糕

水果麻薯

不知从何时开始，加入了水果或巧克力、冰淇淋等形形色色食材的糯米糕变得十分受大家欢迎。而这种甜点只需要一台微波炉，既可在家做出来。

材料（10个）

李子2个

猕猴桃1个

豆沙馅120g

糯米粉100g

红薯淀粉60g

水2/3杯

糖40g

食盐少许

制作方法

1 李子和猕猴桃洗干净，将水控干后切成1/4大小。

2 将豆沙馅分成10等份，并将水果包在里面。

3 在耐热容器中放入糯米粉、糖、食盐和水，将其充分混合后，放入微波炉中烤2分钟，然后用饭勺搅拌。

4 将3再加热2分钟，反复搅拌2～3次左右，直至其变得透明有韧性为止。

5 红薯淀粉撒在盘子上，将加热好的面团分成10等份。

6 在手中沾一些红薯淀粉将面团揉成圆形后，将其压成薄饼，并将水果豆沙放在里面包裹起来。

7 将麻薯放在红薯淀粉中，使其全部都粘上淀粉，然后捏成好看的形状。

TIP

· 水果麻薯十分容易变质，因而需在送礼物之前制作。

· 需将水果麻薯放在冰箱中保存。

PLUS RECIPE · 坚果麻薯（10个）

豆沙馅200g、坚果100g、糯米粉100g、红薯淀粉60g、水2/3杯、糖40g

将捣碎的坚果和豆沙馅搅拌在一起制成馅料，然后按照上面水果麻薯的制作方法制作即可。

保存期限：室温保存为1天，冷冻保存为2周

适用包装：方形甜点包装法（P70）

适合场合：送给朋友（P40）

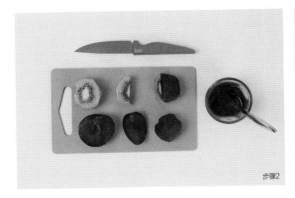

步骤2

步骤6

超简单的维生素摄取方法

水果杯

在准备爱人的便当或是孩子们郊游的便当时，可以将其放入便当盒中，这是摄取维生素的最为简单且最为迅速的方法。

材料

圆形果肉水果（无籽的红葡萄，蓝莓、小番茄等）适量

可以将果肉挖成圆形的水果（西瓜、香瓜、芒果、甜瓜等）适量

制作方法

1 清洗无籽红葡萄、蓝莓和小番茄，然后将蒂摘除。

2 用捞勺将西瓜、香瓜、芒果、甜瓜的果肉挖出，并使果肉呈圆形。

3 用适宜颜色的塑料杯将水果装起来，也可以将挖成圆形的水果单独盛放在一起。

TIP

· 在送水果杯时，搭配牙签和叉子一起送出更显周到。

· 在制作水果杯时，如果使用容易氧化的苹果一类的水果，则可以在上面淋一层柠檬汁或是将其泡在糖水中，这样可以有效地防止其氧化。

保存期限：冰箱冷藏保存为2天
适用包装：塑料杯（P71）
适合场合：交往了♡♡天（P64）

步骤1

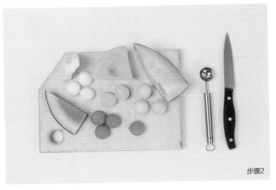
步骤2

比想象中还要简单

手工酸奶

手工酸奶的制作方法十分简单，无需特殊的工具和材料就能完成。而将其过滤后，就能制成口味独特的希腊酸奶。希腊酸奶口感浓厚，适宜伴着水果或蜂蜜一起食用。

材料（1L，1瓶）

牛奶1L
市面卖的原味酸奶100ml

制作方法

1 牛奶用中火加热，待其即将沸腾前关火，放置10分钟。

2 将原味酸奶倒入有盖子的容器（玻璃、塑料材质皆可）中，加入1，并用饭勺将其搅拌均匀后盖上锅盖。

3 包到毛毯或是电热毯等温暖处12个小时左右。

4 制作完成的酸奶移入冰箱内冷藏4小时左右后即可食用。

5 在筛子上面铺一层纱布，将手工酸奶倒在上面放置1～3小时，待其分离出油层时，酸奶质感会变硬。这样口味更为浓厚的希腊酸奶就制作完成了。

TIP

· 酸奶制作时间较长，因而可以在前一天晚上将牛奶和酸奶混合好，第二天早上确认其发酵情况。

· 当手工酸奶还剩下100ml的时候，就可以按照相同的方法重新制作酸奶了。

· 制作希腊酸奶时，用一次性纱布（或滤纸）更为方便。

PLUS RECIPE · 希腊酸奶麦片（2瓶）

希腊酸奶150ml、水果（蓝莓、香蕉、草莓等）适量、坚果30g、麦片50g、蜂蜜1大茶匙、有盖的玻璃瓶2个

1 将香蕉切成指头大小的立方块，并将草莓分成4等份

2 按照蓝莓–希腊酸奶–香蕉–坚果–希腊酸奶–麦片–蜂蜜–草莓这样的顺序依次装入玻璃瓶中，然后将盖子盖起来。

保存期限：冰箱冷藏保存为1周
适用包装：玻璃容器（P24）

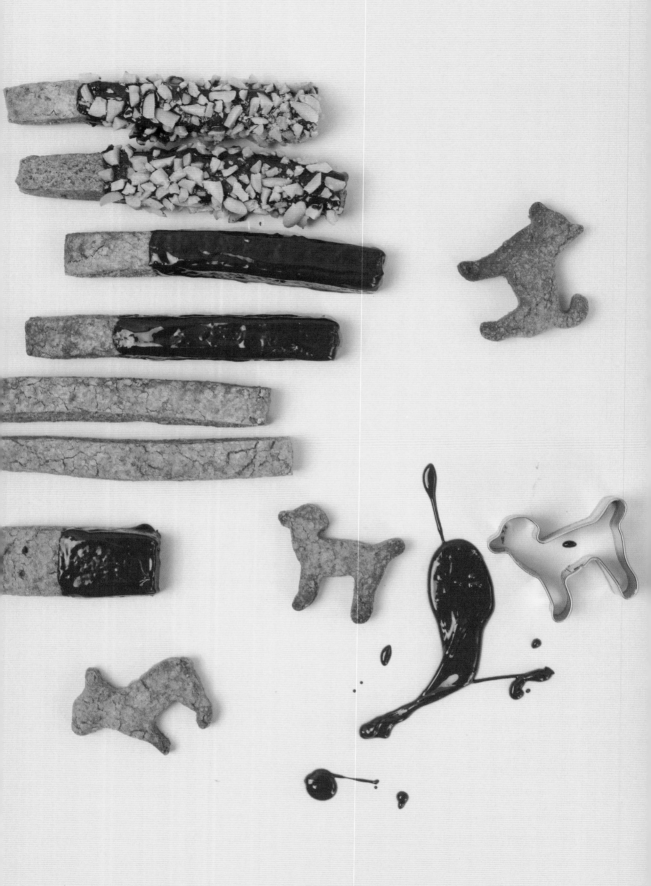

専属自己的特制巧克力棒

全麦巧克力棒

将巧克力满满地裹在全麦制成的饼干上面，就做成了特别的巧克力棒。该饼干的制作方法非常简单，无需模具，只要用手将面团捏成长条状即可。

材料（20个）

全麦粉120g
中筋小麦粉60g
烘焙粉1/2小茶匙
红糖50g
无盐黄油50g
牛奶50g
食盐少许

黑巧克力300g
花生碎末40g

保存期限：冰箱冷藏保存为1周
适用包装：方形甜点包装法（P70）
适合场合：情人节，光棍节（P63）

步骤2

制作方法

1 用筛子过滤全麦粉、中筋小麦粉和烘焙粉后，加入食盐和红糖搅拌。

2 在1中放入切成长条状的黄油，用手将其充分搅拌均匀。

3 在2中倒入牛奶，并一直揉至没有面粉剩余，然后用保鲜膜包裹起来放入冰箱冷藏30分钟，使其充分发酵。

4 在案板上撒一些面粉，将发酵好的面团放在上面，用擀面杖将其擀成1cm厚度的面饼，然后切成1cm左右的长条棒状。

5 将烤箱预热至180℃，将4放入烤箱内烤制20分钟。

6 巧克力放入蒸锅中熔化。

7 冷却的全麦饼干放入巧克力中，使巧克力完全裹在全麦饼干表面。

8 将巧克力棒的一面沾一层花生碎，另一面自然晾干，这样一个全麦巧克力棒就制作完成了。

步骤4

步骤6

步骤7

TIP

· 也可以将全麦面团擀成薄饼，然后用饼干模具将其制作成不同的形状饼干。

伯爵红茶司康饼

伯爵红茶不仅可作为茶饮饮用，还可将其作为烘焙的调味料使用，会使糕点的口味更佳。下面介绍的是加入了伯爵红茶的司康饼的制作方法，相信它会使你的下午茶更加丰富美味。

材料（12个）

中筋小麦粉240g
烘焙粉1大茶匙
烘焙苏打1/2小茶匙
糖2大茶匙
食盐1/2小茶匙
无盐黄油50g
鸡蛋1个
鲜奶油（或牛奶）1杯

伯爵红茶茶包4个（8g）
水（用来冲伯爵红茶）1/4杯
多余的鲜奶油少许

保存期限：冰箱冷藏保存为1周
适用包装：方形甜点包装法（P70）

步骤2

制作方法

1 取2个伯爵红茶茶包放入准备好的水中泡5分钟后取出，同时将中筋小麦粉用筛子筛好。

2 将中筋小麦粉、烘焙粉、烘焙苏打、糖、食盐、剩余的两袋伯爵红茶和切好的黄油放入搅拌机中，将它们充分地搅拌在一起，然后将其装入一个大盆中。

3 按照鸡蛋 – 鲜奶油 – 泡好的茶的顺序逐一放入小碗充分搅拌。

4 将3倒入2的粉状材料中混合均匀，然后用手轻揉10次左右。

5 面团平均分成两份，将每块面团揉成直径为15cm的圆形，然后用刀分成6等份。

6 将剩下的面团也按同样方法切割，共制成12块。

7 在烤盘上铺一层锡箔纸，然后将面团逐一放在上面，并在其表面刷一层鲜奶油或牛奶。

8 烤箱预热至200℃，放入烤盘，烤制15分钟后晾凉。

步骤3

步骤4

TIP

· 如果面团揉得太过用力，在烤制时会不易松脆。
· 可以用坚果、水果干等材料代替伯爵红茶。
· 如果没有搅拌机，可以用手搅拌面粉。

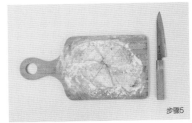
步骤5

香甜且充满韧性的

布朗尼

人们在考虑到健康的时候，会尝试吃无黄油、无糖的烘焙食品，但偶尔吃一次高热量的布朗尼来犒劳一下辛苦的自己也是不错的选择。让我们亲手制作一块香甜且充满韧性的布朗尼吧!

材料
（直径25cm，圆形模具一盘）

黑巧克力185g

白巧克力50g

牛奶巧克力50g

中筋小麦粉85g

可可粉40g

无盐黄油185g

鸡蛋3个

糖275g

核桃9个

保存期限：冰箱冷藏保存为2周

适用包装：方形甜点包装法（P70）

适合场合：情人节，光棍节（P63）

步骤2

制作方法

1 黄油和黑巧克力切成小块，牛奶巧克力和白巧克力用刀切成大拇指头大小。

2 黄油和黑巧克力一起放入蒸锅中，待其熔化后放凉。

3 在盆中倒入鸡蛋和糖，用打蛋器将其打散至原来体积的二倍，直至其产生奶昔一样的质感。

步骤3

4 将熔化的巧克力倒入3中，利用饭勺搅拌，注意不要使表面产生气泡，在其全部变为褐色时停止搅拌。

5 在4中加入筛过的中筋小麦粉和可可粉，按照4的方法将面粉混合起来，并一直搅动至没有干面粉。

步骤5

6 将切好的白巧克力和牛奶巧克力放入里面并轻轻搅拌。

7 在圆形模具上铺一层锡箔纸，然后将面团倒在上面，用饭勺将其铺匀后，在上面均匀放几枚核桃。放入180℃预热烤箱内烤制30分钟。

8 在模具中将其放凉，取下锡箔纸，然后切成适宜的大小。

步骤6

TIP

· 除了核桃，可以放一些杏仁之类的坚果，或是越橘干、无花果干一类的水果干，会使其更加美味。

· 也可以使用三角形的烤盘。

杯子蛋糕

下面介绍一下杯子蛋糕的基本做法。配以应景的装饰，可以制作出适合任何场合的特别礼物。

材料（6个）

黄油80g

糖80g

鸡蛋1个

香草萃取液1/2小茶匙

低筋面粉120g

牛奶1/2杯

黄油奶油

糖粉1+1/2杯

无盐黄油85g

香草萃取液1小茶匙

牛奶1大茶匙

保存期限：冰箱冷藏保存为1周

适用包装：一次性用品（P54）

适合场合：生日（P19）婚礼（P21）、教师节、父母节（P29）

步骤2

步骤4

制作方法

1 黄油、鸡蛋和牛奶在常温下放置一段时间，准备一次性玛芬蛋糕杯或在玛芬蛋糕盒上裹一层牛皮纸。

2 黄油打散，然后依次加入糖、鸡蛋、香草萃取液。

3 在2中加入筛好的低筋面粉，用饭勺搅拌后，倒入牛奶。

4 将面糊加入玛芬蛋糕杯中，至杯容量的80%，然后放入预热至180℃的烤箱中烤制25分钟，然后取出放凉。

5 在黄油中倒入糖粉，搅拌至奶油状。依次放入香草萃取液、牛奶并不断搅拌，这样就制成了黄油奶油。

6 将做好的黄油奶油倒入裱花袋中，画圈挤在蛋糕表面。

7 用牙签和彩纸制成的小旗子或饼干、鲜花一类饰物加以装饰。

步骤5

步骤6

TIP

· 如果玛芬蛋糕没有凉透，则可能会导致黄油奶油融化并流下来。

无需烤制的简单烘焙

超简单奶酪蛋糕

没有烤箱又想制作蛋糕是很困难的。但却有一种蛋糕，只要将食材变硬，就可以很容易制作出来。

材料（8个）

奶油干酪230g

糖50g

柠檬皮1/2大茶匙（或柠檬1个）

柠檬汁1大茶匙

香草萃取液1小茶匙

鲜奶油（罐装或冷冻品）180g

蓝莓60g

薄荷叶少许

饼干底料

全麦饼干（或粗粮饼干）5个

糖1/2大茶匙

熔化黄油3大茶匙

制作方法

1 将奶油干酪放在室温中待其变软。

2 准备好可以即取即用的罐装鲜奶油。

3 在捣碎的全麦饼干中加入糖和熔化的奶油，搅拌后将其制作成饼干底料。

4 将糖和柠檬皮放入盆充分搅拌，使糖中充满柠檬的香气。

5 在4中加入奶油干酪，打散后放入柠檬汁和香草萃取液，将其充分搅拌至变硬的状态。

6 向5中加入鲜奶油，用饭勺搅拌，并将所有气泡抚平。

7 将提前做好的饼干底料放入布丁杯或玻璃容器中，将6装入裱花袋中。

8 用蓝莓和薄荷叶将其装饰后，放入冰箱冷藏室中冷藏2个小时以上使其变硬。

TIP

· 在包装时将勺子一起包起来送人，可以方便对方食用。

· 使用罐装的鲜奶油，可以容易且迅速地将蛋糕制作出来，也可以使用像牛奶一样的液体奶油或液体鲜奶油。可在大型超市或面房包等处购买。

保存期限：冰箱冷藏保存为1周
适用包装：塑料杯（P64）
适合场合：交往了♡♡天（P64）

步骤3

步骤5

步骤6

粗犷且极具风味的

莲藕蛋糕

比起冷藏，莲藕蛋糕更适合一次性吃掉，下面向大家介绍一下莲藕最美味的制作方法

材料（直径20cm，蛋糕模具1盘）

莲藕185g
核桃50g
葡萄干10g（可忽略）
中筋小麦粉180g
烘焙粉1小茶匙
烘焙苏打1/2小茶匙
生姜1/2小茶匙
桂皮粉1小茶匙
糖115g
鸡蛋2个
食用油（或芥花油）175ml

冰奶油

糖分175g
黄油25g
奶油干酪75g
香草萃取液1/2小茶匙

制作方法

1 将锡箔纸裁剪好后铺在蛋糕模具上，将鸡蛋、黄油和奶油干酪取出放在室温中。

2 莲藕的皮剥掉后切成段用擦菜板擦成丝，将核桃捣碎备用。

3 在碗中放入糖、食用油和鸡蛋，并用打蛋器搅拌。

4 向3中加入莲藕、核桃和葡萄干，用饭勺搅拌。

5 将粉状食材全部筛入4中，用饭勺从下至上均匀搅拌

6 把面团放入蛋糕模具中，将烤箱预热至170℃后，烘烤40分钟。

7 待蛋糕的表面呈金黄色，且用勺子按压后能自动恢复原状时，将其取出晾凉。

8 将糖粉倒入碗中，加入室温状态下的黄油和香草萃取液。用打蛋器将其打散，然后加入室温下的奶油干酪搅拌制成冰奶油。

9 将7中的蛋糕放在盘子上，并在上面抹一层冰奶油。

10 按照个人的喜好，适当撒一些捣碎的核桃后蛋糕就制作完成了。

TIP
· 也可以使用正方形或正三角形的蛋糕模具
· 按照上面的方法，用两倍份量的食材烤制两份莲藕蛋糕，然后将其叠放起来，就变成了聚会蛋糕。

保存期限：冰箱冷藏保存为1周
适用包装：方形甜点包装法（P70）
适合场合：入学和毕业（P23）

步骤3

步骤4

步骤8

RECIPE 5

便于储存的食品

便于储存的食品，一般指的是加入大量的调味料、烘干或是发酵过的食品。利用这样的方法，使得食物不易变质且可以保存很久。

但在今天，食物保鲜储存的环境得到了大大改善，上面提到的料理方法不再只是一种保存食物的手段，更多的是让食用者有一种"宽大的胸怀"。

在某个夏天，买上满满一兜时令食材，制成便于保存的食品，和朋友一起分享美食带来的喜悦吧。

只要干透了就完成的

水果干

水果干能存放很久还便于携带，是可以随时享用的零食。可以将其铺放在筛子上自然晾干，也可以放入烤箱或面包机中烘烤。

材料（500ml，1瓶）

大枣100g
橘子3个
猕猴桃3个

制作方法

1 在烤盘上铺一层牛皮纸。

2 用流动水冲洗大枣，然后将水控干；将橘子泡入放有烘焙苏打和食醋的水中洗净后把水控干；将猕猴桃去皮。

3 将大枣的枣核挖出并分成2～3等份，将橘子和猕猴桃切成8～10块。

4 把水果铺在烤盘上，放入预热至180℃的烤箱中烤制2小时。需不断确认水果的状态以防止水果焦糊，一般烘烤4～5小时，使水果完全变干。

5 将变脆的水果干取出来。

6 待其完全凉透后，放入密闭容器或纸袋中保存。

TIP

· 使用面包机时，用最低的温度烘烤1小时后，需持续关注水果的干燥程度。
· 根据水果不同的厚度和烤箱种类的不同，水果的干燥时间也是不同的。
· 水果干可以伴一些谷物、茶或是薄饼一起食用。

PLUS RECIPE · 红薯果脯

南瓜、红薯适量

· 将红薯和南瓜烘烤或去皮切成长条状，留作备用。
· 将其铺在菜板并放于通风，且阳光不强烈的位置，放置2～3天左右。待其充分变干，就变成了充满嚼劲的果脯了。

保存期限：冰箱冷藏保存为3个月
适用包装：各种各样的盒子（P34）
适合场合：节日（P33）

蘑菇的清香

蘑菇酱菜

蘑菇是非常常见的食材，也是很好的健康食品。请试着用各种蘑菇制作酱菜吧，不但适合于减肥人士，对于身体不舒服的人也是不错的食物。

材料（500ml，1瓶）

干香菇10朵
蘑菇（平菇、双孢菇等）500g

腌制汤料
酱油1杯
海带肉汤1杯
水（用于泡干香菇）1杯
烧酒1/4杯
料酒1/4杯
低聚糖2大茶匙
蜂蜜2大茶匙
尖椒2个
胡椒粒10颗

制作方法

1 干香菇用流动水清洗干净后，泡入温水中。再额外取一点香菇泡入单独的一杯水中。

2 冲洗蘑菇并将水控干，切成适合的大小。

3 将所有腌制时所需的材料倒入锅中煮至沸腾。

4 蘑菇放入容器中，然后将制好的腌制汤料倒入里面。

5 待其完全凉透后盖上盖子，在室温环境中放置半天后移放入冰箱内保存。

TIP

· 加入干香菇的酱菜要比只放鲜蘑菇的酱菜味道更浓郁。

· 在烹制汤料理时，蘑菇酱菜的腌制调味汁也可以代替酱油使用。

· 放入冰箱前，需上下翻动酱菜，以便使所有的蘑菇都能均匀地粘上调味汁。

PLUS RECIPE · 蘑菇酱菜拌饭

蘑菇酱菜适量、蘑菇酱菜腌料少许、米饭1碗、黄油1小茶匙、烤紫菜

1 在温热的米饭上面盖一些黄油，待其完全熔化后放上蘑菇酱菜，然后倒入适量腌料调味。

2. 在没胃口或是家中没有小菜的时候可以用烤过的紫菜将米饭包裹起来食用。

保存期限：冰箱冷藏保存为1周
适用包装：便当盒（P54）
适合场合：郊游（P51）

最棒的芹菜烹饪法

芹菜酱菜

芹菜生吃时许多人难以适应，但腌制成酱菜，其咔嚓咔嚓咀嚼的质感是很有魅力的。

它可以代替韩餐的小菜、西餐的腌菜，搭配中餐则可以完全地除掉油腻的味道。

材料（1L，1瓶）

芹菜300g

洋葱1个

尖椒2个

红辣椒2个

蒜5瓣

腌制汤料

酱油1/2杯

食醋3/4杯

糖85g

盐1/2大茶匙

制作方法

1 蔬菜全部洗净后去除水分。

2 去除芹菜的粗纤维。

3 芹菜斜切成1cm长度，洋葱切块，辣椒切成1cm，蒜切片。

4 将腌制汤料全部混合在一起，搅拌至白糖溶化。

5 将切好的蔬菜放入容器，倒入腌制汤料，并加以搅拌。

6 室温放置半天左右移放入冰箱冷藏室保管。

TIP

· 芹菜可以只用茎，剩下的叶子可以收集起来留着在做西式料理或煮汤的时候用。

· 芹菜叶洗净去除水分后用厨房专用毛巾包好，并装进塑料袋中放入冷藏室保管。

保存期限：冰箱冷藏保存为3周
适用包装：密闭容器（P45）
适合场合：探病（P43）

步骤2

步骤3

腌黄瓜

很多人对于腌菜存在着误会和偏见他们认为腌菜像腌制泡菜一样难，必须发酵很长时间才能吃。

了解后会发现腌蔬菜是一种只需发酵2小时，就能充分入味的简单储存料理。

材料（500ml 1瓶）

白黄瓜（或青黄瓜）2个
香叶 1张
柠檬1/2个
红辣椒（可以省略）1个

腌制汤汁
食醋1杯
白糖85g
盐1大茶匙
蒜1瓣
Pickling spice 1/2大茶匙

制作方法

1 将黄瓜与柠檬用粗盐摩擦清洗。辣椒清洗干净后去除水分。

2 黄瓜斜切成1cm厚度，柠檬和蒜切片，红辣椒切成1cm。

3 将切片的蒜和腌制汤料全部放入小铝锅，煮至白糖全部溶化。

4 将黄瓜、香叶、柠檬、红辣椒混合后，放入储存容器中，并倒入热的腌制汤料。

5 待其完全凉透后轻微翻弄一下，盖上盖子并放入冷藏室，2个小时后即可食用。

TIP

· Pickling spice是将腌菜需要的调味料全部放到一起的综合性调味料。不需要分门别类购买多种调味料，因而使用起来很方便。

· 将腌黄瓜切碎后夹入三明治或汉堡中会更美味。

保存期限：冰箱冷藏保存为3周
适用包装：塑料容器（P44）
适合场合：部队探亲（P42）

享受水果的别样方法

水果泡菜

如果说蔬菜泡菜是用来开胃的爽口菜的话，那么水果泡菜则偏向于刺激你的味蕾。将色彩艳丽的水果泡菜放入玻璃瓶内作为礼物赠送给朋友，相信朋友们都会很喜欢的。

材料（1L1瓶）

小西红柿 200g
无籽青葡萄100g
无籽红葡萄100g
蓝莓（或樱桃）100g
柠檬1/2个
香叶1张

腌制汤料
白葡萄酒（或清酒）1/2杯
白葡萄食醋（或苹果食醋）1杯
水1/2杯
糖50g
盐2小茶匙
Pickling spice 1大茶匙

制作方法

1 水果放入装有苏打和食醋的水中清洗干净后去掉水分，柠檬切片。

2 用叉子或牙签将小西红柿、青葡萄、红葡萄扎2~3个孔，这样腌制汤料可以更好渗入。

3 将腌制汤料全部放入小铝锅，煮至白糖全部溶化。

4 将水果和切片的柠檬、香叶放进要保管的容器内，并倒入煮好的腌制物。

5 完全晾凉后盖上盖子，并在室温下放置半天左右，然后移至冷藏室，发酵2天后即可食用。

TIP

· 如果将水果泡菜里的水果放在水果沙拉里，味道会更丰富。
· 腌制汤料也可以用于沙拉调味汁。

保存期限：冰箱冷藏保存为2周
适用包装：一次性容器（P54）
适合场合：郊游（P50）

步骤1

步骤2

步骤4

手工制作香浓奶酪

意大利乳清干酪
（Ricotta）

将意大利乳清干酪撒在蔬菜上，再淋上东方风味的调味汁，这样的意大利乳清干酪沙拉想必是许多女性朋友喜欢的菜品。因为没有单独卖意大利乳清干酪的地方，如果觉得遗憾，那就亲手制作吧，因为制作奶酪并没有想象的那么难。

材料（100g）

牛奶1L
鲜奶油1/2杯
食盐1/4小茶匙
柠檬汁4大茶匙

制作方法

1 将棉布铺在筛子上面。

2 将牛奶和鲜奶油倒入小铝锅中，并慢慢搅拌。中火煮至其沸腾前，调至最小火慢炖。

3 将柠檬汁一匙一匙的放入，小心搅拌。

4 当煮好的汤汁滑滑软软地分散开时，放入食盐加以搅拌后关火，放置10分钟。

5 将4倒在铺有棉布的筛子上并用棉布包好，在其下面放一个碗。然后放入冷藏室冷藏半天左右就可以控出里面的水分。

6 将5拿出来，把控干水份的奶酪从棉布上取下来放入容器中。

TIP

· 1L的牛奶可以制作出约10%体积的奶酪，水分滤掉的份量不同，其大小也会发生改变。
· 意大利乳清干酪这种新鲜的奶酪与干奶酪和发酵奶酪不同，其保存期限较短。因而制作完成后，最好在一周内食用。

PLUS RECIPE · 奶酪沙拉（2人份）

圆生菜2片，嫩叶蔬菜适量，黄瓜1/4个，小西红柿4个，核桃2个，意大利乳清干酪适量，东方风味调味汁2大茶匙，面包2块。

· 将圆生菜撕下来的叶子、嫩叶蔬菜、切成圆片的黄瓜、小西红柿以及捣碎的核桃均匀地搅拌后放在碟子上。
· 放上你需要的意大利乳清干酪，再撒上东方风味调味汁（参照93p），搭配面包食用。

保存期限：冰箱冷藏保存为2周
适用包装：一次性容器（P54）
适合场合：家庭聚会（P65）

步骤2

步骤3

步骤5

将对健康有益的西红柿用罐子装起来

西红柿酸辣酱

酸辣酱可以说是为料理而生的果酱。甜丝丝却又很细腻，里面加入了多种香料，因而味道十分浓郁香醇。可以与鸡肉或猪肉等肉类料理及咖喱，奶酪、派等搭配一起食用。

材料（1L 1瓶）

红皮洋葱 250g

西红柿500g

大蒜3瓣

红辣椒1个

生姜3块

黄糖120g

红酒食醋（或苹果食醋）70ml

法式黄芥末酱1小茶匙

红灯笼辣椒粉（可以省略）1/2小茶匙

制作方法

1 洋葱切成薄片，西红柿剁碎。

2 生姜去皮切丝，红辣椒对半切开去籽后剁碎，大蒜也剁碎。

3 将所有材料放入小铝锅，中火煮40分钟后将火调小，发现其变粘稠时，再继续煮5分钟。

4 炖至小铝锅的锅底没有多余的水分时关火。

5 热的时候放入经过开水消毒的玻璃瓶内，盖上盖子后翻过来晾凉。

TIP

· 尽可能把材料剁碎再使用，这样才会炖得更柔软。手工制作的果酱或酸辣酱因为含糖量低且没有添加食品添加剂，所以要冷藏保管，并在一个月内食用。

· 西红柿有助于血液循环和疲劳恢复，对于产妇来说是很好的食材。

· 做一份酸辣酱赠送给那些已经成为妈妈的朋友吧。

PLUS RECIPE · 西红柿卡芒贝尔奶酪开胃菜（2人份）

饼干6个，卡芒贝尔奶酪30g，西红柿酸辣酱20g

将卡芒贝尔奶酪放在饼干上面，再淋上西红柿酸辣酱，即可食用。虽然制作方法很简单，但却是不可多得的佐红酒的小菜。

保存期限：冰箱冷藏保存为1个月

适用包装：密闭容器（P45）+纸袋（P25）

适合场合：朋友成为母亲的日子（P54）

白葡萄酒的绝佳伴侣

糖水苹果

无论何时，将平凡的材料变身为特别的料理都充满了魅力。将白葡萄酒、桂皮和苹果放在一起煮就会变成高级的糖水苹果。可以用于沙拉调味也可以与奶酪一起作为甜点享受。

材料（1.5L 1瓶）
白葡萄酒800nl
苹果4个（800g）
白糖400g
柠檬1/2个
桂皮条2个
葡萄干（可省略）1大茶匙

制作方法

1 苹果去皮，切成8等份后去籽；柠檬切片。

2 将白葡萄酒和白糖放入小铝锅煮，不要摇晃，等到白糖溶化后倒入苹果、柠檬、桂皮、葡萄干，大火煮10分钟。

3 为了让苹果可以熟得均匀，要不断地翻弄苹果并将火调小，煮15分钟后关火。

4 将热的苹果放入经过开水消毒的玻璃容器内，盖上盖子翻过来晾凉后冷藏保管。

TIP
· 使用红苹果的时候可以连着皮一起煮。这样煮出来的糖水颜色会更加明亮鲜艳。

PLUS RECIPE · 苹果布利干酪开胃菜（2人量）

饼干6个，布利干酪30g，糖水苹果60g。
将布利干酪放在饼干上面，再将糖水苹果淋在上面，即可食用。布利干酪与糖水苹果实现了幻想的交融，与白葡萄酒也很配。

保存期限：冰箱冷藏保存为3周
适用包装：密闭容器（P45）
适合场合：入学及毕业（P23）、家庭聚会（P65）

柠檬酱

啜一口装在漂亮茶杯里的红茶，咬一口涂着柠檬酱的司康饼，你就会感受到原来女人的奢侈就是如此简单。一起与柠檬酱享受优雅的英国式下午茶时间吧。

材料（200ml 1瓶）

蛋黄3个
白糖80g
黄油80g
柠檬皮1/2大茶匙（柠檬 1个的量）
柠檬汁80ml

制作方法

1. 柠檬用粗盐摩擦清洗。去掉皮上残留的蜡。
2. 用削皮机或砂轮机只将柠檬的黄色部分磨碎，果肉用榨汁机榨出柠檬汁。
3. 将蛋黄，柠檬汁，白糖放入锅底较厚的小铝锅中，搅拌后用小火煮10~15分钟，变成乳状后关火。
4. 将黄油切成小拇指指甲大小与柠檬皮一起放入温热的3中搅拌。
5. 将其倒入经过开水消毒的玻璃容器内冷藏保管。

TIP

· 柠檬酱与司康饼是绝配，也可以与面包或蛋糕搭配。
· 当酱料煮成成乳状的时候，如果火过大鸡蛋容易熟，一定要用小火加热。

PLUS RECIPE · 奶茶（1杯）

水200ml 牛奶50ml 红茶3g

1. 将水壶中加满水并煮沸，然后倒入茶壶和茶杯里温着。
2. 向装有红茶的茶壶中倒入热水，泡4分钟，在此期间用微波炉将牛奶加热30秒。
3. 将热牛奶倒入茶杯里，然后将沏好的茶倒入里面。
4. 根据个人喜好可以适当放入蜂蜜或白糖。

保存期限：冰箱冷藏保存为2周
适用包装：密闭容器（P45）

步骤2

步骤4

混合起来更美味

香蕉巧克力酱

这种独特的酱是将常见的两种食材混合而成。在制作开始时先不要将二者混合，单独制作后再放在一起才是重点！有时候可以把它们分开，有时候将它们混在一起，这样就可以享受到三种不同的味道。

香蕉酱

材料（500ml，1瓶）

香蕉5个（650g）

黄糖115g

水 2大茶匙

柠檬汁2大茶匙

黄油1/2大茶匙

香草萃取液1大茶匙

食盐少许

制作方法

1 香蕉以带皮状态称重，称重后去皮，切成薄片。

2 将黄糖、水、柠檬汁、黄油、盐放入小铝锅，开火后等到其溶化，注意不要摇晃。

3 糖溶化后且开始沸腾的时候将切好的香蕉放入，煮15分钟。

4 将火调小，用饭勺将香蕉压碎。

5 用饭勺搅动香蕉，当其变粘稠时放入香草萃取汁，搅拌后关火。

6 放置一会儿后与巧克力酱一起倒入经过开水消毒的玻璃容器内。

保存期限：冷藏保管1个月

适用包装：密闭容器（45P）+纸袋子（25P）

适合场合：生日（19P）入学及毕业（23P）

步骤1

步骤4

巧克力酱

材料（500ml 一瓶）

葵花籽150g

黑巧克力 100g

可可粉 4大茶匙

香草萃取液 1大茶匙

蜂蜜（或枫糖浆）

盐1/4小茶匙

芥花油（或椰子油）2小茶匙

牛奶1/2杯

制作方法

1 将葵花籽在干锅中翻炒成金黄色后，晾凉。

2 黑巧克力蒸一下或者放入微波炉加热一段时间，使之熔化。

3 用食品料理机将葵花籽磨碎。

4 将融化的巧克力、香草萃取液、蜂蜜、盐、芥花油、牛奶放入 3，将可可粉筛过后与之混合。

5 将混合物与香蕉酱各取一半，装入经过开水消毒的玻璃容器内，冷藏保管。

TIP

· 用电磁炉熔化巧克力的时候，需将熔化的巧克力放入耐热容器，每隔30秒观察巧克力的状态，直到没有块状物为止。

· 也可以将各种酱单独存放作为礼物赠送给亲朋好友。

步骤2

步骤4

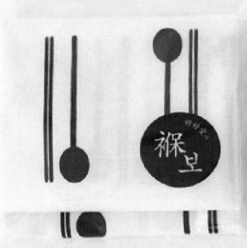
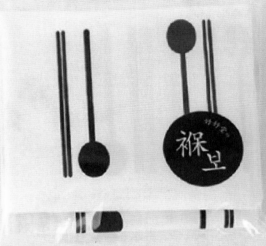